高等职业教育核心课程教材

机器人编程与操作

主　编　韦伟松　吴红生

副主编　韦　韩　钟　清　欧志柏

U0240864

电子工业出版社·

Publishing House of Electronics Industry

北京·BEIJING

内 容 简 介

全书采用项目主导，任务驱动式教学法，虚实结合，做学融合，通过 5 大项目详细阐述了工业机器人的基本操作、在线示教、离线编程仿真、工业机器人典型工作站的编程与调试等。全书叙述简明，概念清楚；知识结构合理，重点突出；深入浅出，通俗易懂，图文并茂，可作为高等职业教育院校工业机器人技术或开设有工业机器人编程与操作类课程的专业教材，也可作为工业机器人培训单位或职业技能鉴定培训单位的培训资料，还可供相关专业技术人员参考使用。本书可作为高等职业教育院校工业机器人技术或开设有工业机器人编程与操作类课程的专业教材，也可作为工业机器人培训单位或职业技能鉴定培训单位的培训资料，还可供相关专业技术人员参考。

未经许可，不得以任何方式复制或抄袭本书之部分或全部内容。

版权所有，侵权必究。

图书在版编目（CIP）数据

机器人编程与操作 / 韦伟松，吴红生主编． —北京：电子工业出版社，2018.4
ISBN 978-7-121-33896-0

Ⅰ．①机… Ⅱ．①韦… ②吴… Ⅲ．①机器人－程序设计－高等职业教育－教材 Ⅳ．① TP242

中国版本图书馆 CIP 数据核字（2018）第 064448 号

策划编辑：祁玉芹
责任编辑：鄂卫华
印　　刷：中国电影出版社印刷厂
装　　订：中国电影出版社印刷厂
出版发行：电子工业出版社
　　　　　北京市海淀区万寿路 173 信箱　　邮编：100036
开　　本：787×1092　　1/16　印张：14　字数：341 千字
版　　次：2018 年 4 月第 1 版
印　　次：2019 年 7 月第 2 次印刷
定　　价：49.80 元

凡所购买电子工业出版社图书有缺损问题，请向购买书店调换。若书店售缺，请与本社发行部联系，联系及邮购电话：（010）88254888，88258888。

质量投诉请发邮件至 zlts@phei.com.cn，盗版侵权举报请发邮件至 dbqq@phei.com.cn。

本书咨询联系方式：（010）68253127。

前言

　　机器人是当前典型的机电一体化产品，综合了机械、电工电子、自动控制、计算机、传感器、人工智能等多方面的技术，被称为工业自动化三大支持技术之一。我国顺应国际发展趋势，提出"中国制造 2025"规划，力主我国由制造大国走向制造强国。在数字化、智能化的趋势下，智能软件、新材料、灵敏机器人和先进制造方法与工艺将促进我国经济社会发生革新性变化。其中，机器人的发展与应用顺应了社会进步和劳动力成本增加所带来的变化，因此在各个领域应用已越来越广泛，其编程和操作是操作、调试、维修人员必须掌握的基本技能。

　　本书从实用性出发，面向高等职业院校制造类专业的学生，内容以 ABB 工业机器人及其仿真软件 RobotStudio 为教学平台，以工业机器人的应用核心技术为主线，遵循"先进性、实用性、可读性"原则，采取案例教学的编写形式，将教学融入轻松愉快的氛围中，激发学生学习兴趣，提高教学效果，力求达到易学、易懂。

　　本书采用项目主导，任务驱动式教学法。全书共分五大项目，由虚入实，深入浅出，做学结合，理论与实践并进，力求提升学生职业技能的同时，也提升学生的职业素养。其中，项目一阐述了工业机器人的种类与用途，工业机器人的工作环境，工业机器人的安装与调试，工业机器人的日常维护与简单维修，点动运行工业机器人等知识与技能操作点；项目二重点介绍了 ABB 工业机器人编程与调试，各种编程指令在典型应用场合的使用；项目三简单介绍了 RobotStudio 的基本使用，实现简单应用的离线编程；项目四重点介绍了 RobotStudio 在典型实用案例中的使用，工业机器人典型工作站的线下建模与离线编程；项目五由虚到实，综合应用，实现工业机器人典型工作站的实现。

　　本书主要是由广西现代职业技术学院和河池市职教中心学校共同成立的机器人教学团队合作编写完成，韦伟松、吴红生担任主编，韦韩、钟清、欧志柏担任副主编。其中，邓广、陈启安编写项目一；黄云龙、韦伟松、吴红生、刘兴国编写项目二；李东安、吴杰编写项目三；欧志柏、钟清、李国勇编写项目四；韦韩、白龙编写项目五。本书适用于各类高职高专院校开设的工业机器人技术应用类课程学生使用，也可供有关人员参考。

　　我们在编写过程中参考了大量同类书刊，也得到了兄弟院校、有关企业专家的大力支持和帮助，在此向相关人员表示衷心感谢。由于编者水平有限，书中有不当和错误之处在所难免，恳请广大读者批评指正。

编　者

2018 年 2 月

目录

项目一 认识工业机器人

 任务1 了解机器人结构组成

> **知识目标**
>
> 1）了解机器人定义；
> 2）了解各类机器人组成结构；
> 3）理解机器人各部件运行原理。
>
> **技能目标**
>
> 1）会拆封和连接工业机器人。

一、机器人概念

机器人技术作为 20 世纪人类最伟大的发明之一，自 20 世纪 60 年代初问世以来，经历了 50 多年的发展，已取得了显著成果。当前机器人主要分为工业机器人和仿人智能型机器人。工业机器人实质上是能根据预先编制的操作程序自动重复动作的自动化机器，目前其技术比较成熟。

1. 机器人定义

机器人技术综合了多学科的发展成果，是先进科学技术的代表，它在人类生产生活等应用领域影响力不断扩大。机器人问世已有几十年，但对机器人的定义仍然模糊不定，没有一个统一的定义。一个原因是机器人正在急速发展、新的机型、新的种类、新的功能不断涌现，无法给机器人下一个准确的定义。但其根本原因是因为机器人涉及到了人的概念，成为一个难以回答的哲学问题。相反，也正是由于机器人定义的模糊，才给了人们充分的想像和创造空间，才能出现种类、功能如此繁多的机器人。

由于机器人的定义模糊不清，无法给机器人一个全球统一的定义，机器人的定义在各国之间也就有了不同的见解。

（1）我国科学家对机器人的定义

机器人是一种自动化的机器，所不同的是，这种机器具备一些与人或生物相似的智能能力，如感知能力、规划能力、动作能力和协同能力，是一种具有高度灵活性的自动化机器。

（2）法国的埃斯皮奥对机器人的定义

1988 年法国的埃斯皮奥将机器人定义为："机器人学是指设计能根据传感器信息实现预先规划好的作业系统，并以此系统的使用方法作为研究对象"。

（3）美国机器人工业协会（RIA）对工业机器人的定义

工业机器人是一种用于移动各种材料、零件、工具或专用装置，通过可编程序动作来执行各种任务并具有编程能力的多功能机械手。

1987 年国际标准化组织对工业机器人进行了定义："工业机器人是一种具有自动控制的操作和移动功能，能完成各种作业的可编程操作机。"

2. 工业机器人的分类

我国从应用环境上把机器人分为两类：工业机器人、特种机器人。

所谓工业机器人就是面向工业领域的多关节机械手或多自由度机器人。如：常见的机械手、焊接机器人、喷漆机器人、装配机器人、采矿机器人、搬运机器人等。

特种机器人则是除工业机器人之外的、用于非制造业并服务于人类的各种先进机器人。包括：服务机器人、水下机器人、微操作机器人、娱乐机器人、军用机器人、农业机器人、人形机器人、仿生物机器人等。

而国际上的机器人学者，从应用环境出发也将机器人分为两类：制造环境下的工业机器人、非制造环境下的服务与仿人型机器人。

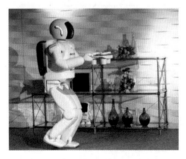
人形机器人

仿生物机器人

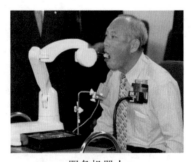
服务机器人

图 1.1.1　机器人的分类

二、了解机器人组成结构

工业机器人是面向工业领域的多关节机械手或者多自由度机器人，它的出现是为了解放人工劳动力、提高企业生产效率。工业机器人的基本组成结构则是实现机器人功能的基础，下面让我们一起来看一下工业机器人的结构组成。

现代工业机器人大部分都是由机械本体、传感器、控制三大部分，以及人机交互系统、控制系统、驱动系统、机械机构系统、机器人 - 环境交互系统、感受系统六大系统组成。下图是组成机器人的六个系统之间的相互关系，如图 1.1.2 所示。

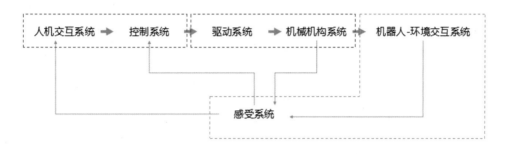

机器人组成的六个系统

图 1.1.2　机器人各系统间的相互关系

1. 机械本体部分

机械部分是机器人的血肉组成部分，也就是我们常说的机器人本体部分。这部分主要由两个系统组成：驱动系统和机械结构系统。

驱动系统：要使机器人运行起来需要各个关节安装传感装置和传动装置，这就是驱动系统。它的作用是提供机器人各部分、各关节动作的原动力。驱动系统传动部分可以是液压传动系统、电动传动系统、气动传动系统，或者是几种系统结合起来的综合传动系统。

机械结构系统：工业机器人机械结构主要由四大部分构成：机身、臂部、腕部和手部，每一个部分具有若干的自由度，构成一个多自由的机械系统。末端操作器是直接安装在手腕上的一个重要部件，它可以是多手指的手爪，也可以是喷漆枪或者焊具等作业工具。

2. 传感器部分

传感器部分就好比人类的五官，为机器人工作提供感觉，帮助机器人工作过程更加精确。这部分主要由两个系统组成：感受系统和机器人 - 环境交互系统。

感受系统：感受系统由内部传感器模块和外部传感器模块组成，用于获取内部和外部环境状态中有意义的信息。智能传感器可以提高机器人的机动性、适应性和智能化的水准。对于一些特殊的信息，传感器的灵敏度甚至可以超越人类的感觉系统。

机器人 - 环境交互系统：机器人 - 环境交互系统是实现工业机器人与外部环境中的设备相互联系和协调的系统。工业机器人与外部设备集成为一个功能单元，如加工制造单元、焊接单元、装配单元等。也可以是多台机器人、多台机床设备或者多个零件存储装置集成为一个能执行复杂任务的功能单元。

3. 控制部分

控制部分相当于机器人的大脑部分，可以直接或者通过人工对机器人的动作进行控制，控制部分由两个系统组成：人机交互系统和控制系统。

人机交互系统：人机交互系统是使操作人员参与机器人控制，并与机器人进行联系的装置，例如，计算机的标准终端、指令控制台、信息显示板、危险信号警报器、示教盒等。简单来说，该系统可以分为两大部分：指令给定系统和信息显示装置。

控制系统：控制系统主要是根据机器人的作业指令程序，以及从传感器反馈回来的信号支配的执行机构去完成规定的运动和功能。根据控制原理，控制系统可以分为程序控制系统、适应性控制系统和人工智能控制系统三种。根据运动形式，控制系统可以分为点位控制系统和轨迹控制系统两大类。

通过这三大部分六大系统的协调作业，使工业机器人成为一台高精密度的机械设备，具有了工作精度高、稳定性强、工作速度快等特点，为企业提高生产效率和产品质量奠定了基础。

三、ABB 机器人的组成及功能

ABB 工业机器人由示教器、控制柜、机器人本体等组成，如图 1.1.3 所示。

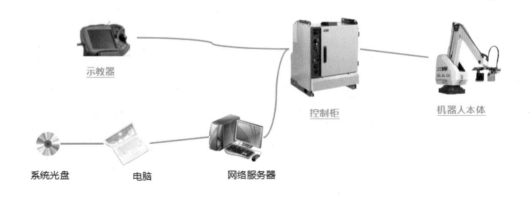

图 1.1.3　ABB 工业机器人的组成

1. 示教器

示教器也称示教编程器或示教盒，主要由液晶屏幕和操作按键组成，可手持移动。他是机器人的人机交互接口。机器人的程序编写、设定、查阅状态等都是通过示教器完成的，图 1.1.4 所示。

4

图 1.1.4　示教器

2. 控制柜

用于安装各种控制单元，进行数据处理及存储和执行程序，是机器人系统的大脑，图 1.1.5 所示。

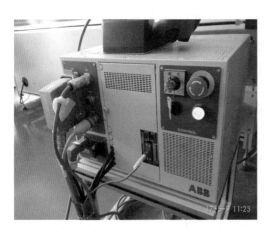

图 1.1.5　控制柜

3. 机器人本体

用于搬运工件和夹持焊枪，执行工作任务，如搬运和焊接等，图 1.1.6 所示。

图 1.1.6　ABB 机器人（机械手）

5

四、技能实训

为了更加深刻理解本任务中的知识点，掌握机器人岗位中典型工作任务的操作技能，设置了具有典型学习意义的两个实训，分别是拆封和连接 ABB 工业机器人操作，安全、规范、有序、熟练地进行操作是其实训的目标，学做一体。

实训一：拆封和连接 ABB 工业机器人

【实训目的】刚买来的工业机器人，它是标准封装的。因此，拆封和连接工业机器人是机器人岗位中的一项基本工作任务。通过此实训的练习，学生熟练掌握机器人应用中拆封、初装、本体与控制器基本结构和电气连接，同时增加机器人结构的感性认识。

【实训准备】准备设备和工具：未拆封的工业机器人包装箱（内装工业机器人）、拆卸工具、安装工具箱（若是 ABB 机器人，则其安装工具为英制工具）。提供安全空间的放置场地，地脚螺钉或导轨安装配件等。

【操作步骤】

1）放置好机器人包装箱，准备好工具；

2）拆卸机器人包装箱，取出放好机器人及其配件和导线；

3）在场地地面或导轨上固定好机器人；

4）在合适的位置放置机器人控制器；

5）一一连接好导线并检查；

6）接入电源；

7）通电测试机器人，调试各轴至自然状态；

8）关闭机器人并断开电源；

9）整理好工具和场地，清洁卫生；

10）填写实训报告。

【实训报告】详细记录实训过程和实训结果，并写出实训感悟。

任务 2　启动和关闭机器人

知识目标

1）了解机器人的安全操作规程；

2）掌握启动、关闭机器人的操作；

3）理解启动、关闭机器人操作原理。

技能目标

1）养成安全操作机器人的意识；

2）能够安全、规范地操作机器人。

一、机器人的安全操作规程

　　工业机器人是一种仿人操作、自动控制、可重复编程、能在三位空间完成各种作业任务的自动化生产设备，具有动作范围大、运动速度快等特点。正因如此，工业机器人的示教编程、程序编辑、维护保养等操作必须由经过培训的专业人员来实施，并严格遵守机器人的安全操作规程和行业安全作业操作规程。

1. 示教和手动时的安全操作

a. 禁止用力摇晃机械臂及机械臂上悬挂重物。

b. 在手动操作机器人时要采用较低的速度倍率以增加对机器人的控制机会。

c. 在按下示教器上的轴操作键之前要考虑到机器人的运动趋势。

d. 要预先考虑好避让机器人的运送轨迹，并确认该路径不受干涉。

e. 机器人气路系统中的压力可达 0.6MPa，任何相关检修都必须切断气源。

f. 在察觉到有危险时，立即按下急停键，停止机器人运转。

2. 再现和生产运行时的安全操作

a. 机器人处于自动模式时，严禁进入机器人本体动作范围。

b. 须知道所有影响机器人移动的开关、传感器和控制信号的位置和状态。

c. 必须知道机器人控制器和外围控制设备上急停键的位置，准备在紧急情况下按下这些按钮。

d. 永远不要认为机器人没有移动，其程序就已经完成，此时机器人很可能是在等待让它继续移动的输入信号。

以上是部分机器人的安全操作规程。

二、开启 ABB 机器人

ABB 机器人是一个严谨精密的综合性机电一体化产品，开启和关闭机器人也有严格、规范的操作流程，正确、规范地开启和关闭机器人是保证机器人长期正常工作的条件之一。

1. 开启机器人操作

目前，工业机器人的供电电源接入机器人的控制器，一般为单相交流 220V。在接好工业机器人所有连接线并检查无误后，进行如下操作：

a. 首先合上供电空气开关，再把机器人控制器上的开关旋钮由 OFF 打到 ON，接入 220V 单相交流电，如图 1.2.1 所示。

b. 随后机器人示教器上就会出现载入系统的画面，机器人启动时，将对机器人功能进行广泛检查。如果出现错误，会在示教器上以一般文本信息格式进行汇报，并在机器人的事件记录中进行记录，如图 1.2.2 所示。

c. 最后，在示教器上的主界面，则表示机器人功能无异常，并已经正式开启，如图 1.2.3 所示。

  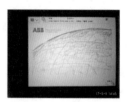

图 1.2.1　控制器开关　　　图 1.2.2　载入系统界面　　　图 1.2.3　示教器主界面

d. 旋开"急停按钮"（图 1.2.4 A），操作"模式选择开关"（图 1.2.4 B），开关转往左边为自动模式，转往右边为手动模式，将手动模式换为自动模式需要按下"使能开关"（图 1.2.4 C），使电机上电；而从自动模式换为手动模式无需按"使能开关"。

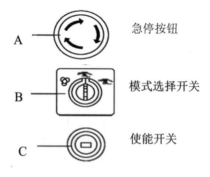

A ——— 急停按钮

B ——— 模式选择开关

C ——— 使能开关

图 1.2.4　所需操作的开关按钮

8

三、关闭 ABB 机器人

为防止示教器系统损坏，在关闭机器人时，应先在示教器上主菜单栏最下方选择"重新启动"，再选择"高级"，在高级重启选项中选择"关闭主计算机"，单击"下一步"，即可关闭示教器上的计算机，然后拍下控制柜上的急停旋钮，关闭电源开关，最后关闭供电空气开关，关闭机器人完成，如图 1.2.5 和图 1.2.6 所示。

图 1.2.5 ABB 主菜单

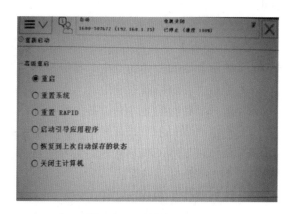

图 1.2.6 重新启动界面

四、技能实训

通过对机器人的操作训练，更加深刻理解本任务中的知识点，掌握机器人岗位中的基本操作技能。此处设置了机器人的开启和关闭实训，其实训的目标是让学生养成安全、规范、有序、熟练地设备操作意识，并做到学做一体。

实训一：开启和关闭机器人

【实训目的】通过此实训的练习，学生熟练掌握机器人开启和关闭操作流程，同时增加机器人结构的感性认识，让学生养成安全、规范、有序、熟练地设备操作意识。

【实训准备】ABB 机器人（包括控制器、示教器等必不可少的设施）。

【操作步骤】

1）首先合上供电空气开关，再把机器人控制器上的开关旋钮由 OFF 转到 ON；

2）示教器载入系统完成并出现主界面之后，旋开示教器与控制器上的急停按钮；

3）按使能开关，电机启动；

4）机器人开启完成；

5）在示教器上主菜单栏最下方选择"重新启动"；

6）再选择"高级"，在高级重启选项中选择"关闭主计算机"；

7）单击"下一步"，即可关闭示教器上的计算机；

8）然后拍下控制柜上的急停旋钮，关闭电源开关；

9）最后关闭供电空气开关，关闭机器人完成；

10）整理好工具和场地，清洁卫生填写实训报告。

【实训报告】详细记录实训过程和实训结果，并写出实训中所学知识和实训感悟。

实训二：ABB 机器人系统数据备份与恢复

【实训目的】通过此 ABB 机器人系统数据备份的练习，学生熟练掌握 ABB 机器人示教器界面功能操作，同时增加机器人示教器功能的整体认识，让学生养成系统数据备份的意识。

【实训准备】ABB 机器人（包括控制器、示教器等必不可少的设施）。

【操作步骤】

1）在示教器的主界面点击"备份与恢复"，进入备份界面；

2）点击"备份当前系统"；

3）选择要备份的文件夹、备份路径等，或使用默认备份文件夹和路径；

4）点击"下一步"即可开始备份当前系统文件；

5）系统恢复时，在示教器的主界面点击"备份与恢复"，进入备份界面；

6）点击"恢复系统"；

7）选择要恢复的系统文件；

8）点击"下一步"即可开始恢复所选系统。

【实训报告】详细记录实训过程和实训结果，并写出实训中所学知识和实训感悟。

任务 3　示教器点动机器人

知识目标

1）了解机器人的安全操作规程；

2）了解示教器的界面；

3）学会用示教器点动机器人。

技能目标

1）养成安全操作机器人的意识；

2）能够用示教器点动机器人。

一、什么是机器人示教器

机器人示教器是进行机器人的手动操纵、程序编写、参数配置和监控用的手持装置，如图 1.3.1 所示。

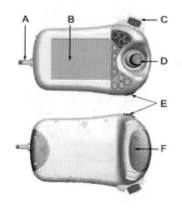

A. 连接电缆

B. 触摸屏

C. 急停开关

D. 手动操纵杆

E. 用于数据备份与恢复的 USB 接口

F. 使能按钮

图 1.3.1　示教器

1. 使能按钮

使能按钮是为保证操作人员人身安全而设计的。使能按钮分为两档，在手动状态下第一档按下去机器人将处于电机开启状态。只有在按下使能按钮并保持在"电机开启"的状态下，才可以对机器人进行手动的操作和程序的调试。

第二档按下时，机器人会处于防护停止状态。当发生危险时（出于惊吓）人会本能地将使能按钮松开或按紧，这两种情况下机器人都会马上停下来，保证了人身与设备的安全。

图 1.3.2　使能按钮的操作

2. 手动操纵

在示教器上可以手动对机器人进行操作，如图 1.3.3 所示。

a. 屏幕上单击选择"手动操纵"。

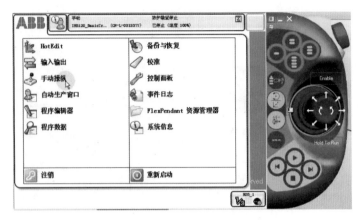

图 1.3.3　ABB 主菜单

b. 点击"动作模式"，如图 1.3.4 所示。

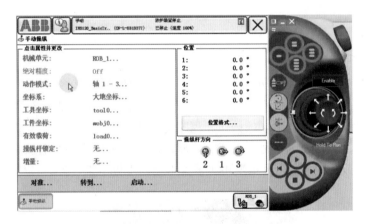

图 1.3.4　手动操纵界面

c. 在动作模式中，ABB 机器人一共有三种操作模式，分别为单轴、线性、重定位，如图 1.3.5 所示。

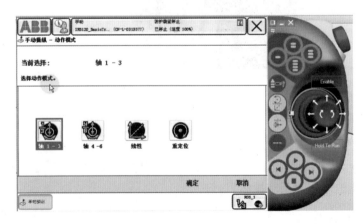

图 1.3.5　动作模式界面

4. 单轴运动

动作模式中，选择"轴 1-3"。按下使能按钮到第一档，手动操纵杆左右方向可以控制 Axis 1 运动，上下方向控制 Axis 2 运动，旋转操纵杆控制 Axis 3 运动。

动作模式中，选择"轴 4-6"。按下使能按钮到第一档，手动操纵杆左右方向可以控制 Axis 4 运动，上下方向控制 Axis 5 运动，旋转操纵杆控制 Axis 6 运动。

以下是 ABB 机器人 6 个关节轴的示意图，如图 1.3.6 所示。

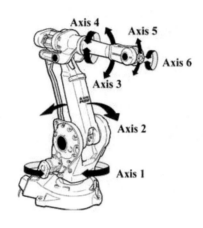

图 1.3.6 机器人的轴

5. 操纵杆使用技巧

我们可以将 ABB 机器人的操纵杆比作汽车的油门，操纵杆的扳动或旋转的幅度与机器人速度相关。

（1）扳动或旋转的幅度小时，则机器人运行速度较慢。

（2）扳动或旋转的幅度大时，则机器人运行速度较块。

特别提醒： 在手动操作机器人时，尽量小幅度操纵操纵杆，使机器人在慢速状态下运行，这样可控性较高。

二、技能实训

用机器人示教器的点动操作是学习机器人操作的第一步，也是最基础的一步。为了有更加规范、熟练 ABB 机器人操作技术，需要深刻理解机器人的工作特点、ABB 机器人各运动模式的运动轨迹特点。

实训一：示教器点动机器人

【实训目的】通过此实训的练习，使学生熟练掌握机器人点动操作流程，同时理解机器人的工作特点、ABB 机器人各运动模式的运动轨迹特点，让学生养成安全、规范、有序、熟练的设备操作意识。

【实训准备】ABB 机器人（包括控制器、示教器等必不可少的设施）。

【操作步骤】

1）在示教器主菜单单击选择"手动操作"；

2）点击"动作模式"；

3）在动作模式中，ABB 机器人一共有三种操作模式，分别为"单轴"运动、"线性"运动、"重定"位运动；

4）选择"单轴"运动模式，用操纵摇感操纵机器人；

5）选择"线性"运动模式，用操纵摇感操纵机器人；

6）选择"重定位"运动模式，用操纵摇感操纵机器人；

7）操纵熟练后，关闭机器人并断开电源；

8）整理好工具和场地，清洁卫生；

9）填写实训报告。

【实训报告】详细记录实训过程和实训结果，并写出实训中所学知识和实训感悟。

习　题

一、填空题

1. 我国科学家对机器人的定义：机器人是一种自动化的机器，所不同的是，这种机器具备一些与人或生物相似的智能能力，如_____、_____、_____和_____，是一种具有高度灵活性的自动化机器。

2. 我国从应用环境上把机器人分为两类：_____、_____。

3. 现代工业机器人大部分都是由_____、_____和_____三大部分组成。

4. 工业机器人的供电电源接入机器人的控制器，一般为_____电压。

5. 点动 ABB 机器人时，一共有三种操作模式，分别为_____、_____和_____模式。

二、简答题

1. 我国对机器人分为哪两类？

2. 工业机器人共分为三大部分，说说你对感官部分的理解。

3. 使用 ABB 机器人进行点动操作的步骤是什么？

4. 使用 ABB 机器人进行点动操作时有几种操作模式？分别是哪几种？

5. 示教器上使能按钮的作用及原理是什么？

6. 操纵杆的使用应该注意哪些问题？

项目二　编程运行机器人

 任务 1　配置标准 I/O 板

> **知识目标**
>
> 1）了解机器人 I/O 通信的种类；
> 2）了解常用标准 I/O 板的规格参数。
>
> **技能目标**
>
> 1）掌握常用 I/O 板的配置；
> 2）掌握 I/O 信号监控的操作方法；
> 3）掌握示教器上的可编程按钮与 I/O 信号绑定方法。

机器人 I/O 板

机器人 I/O 板是机器人常用的 I/O（输入 / 输出）硬件之一，被用于机器人与现场输入 / 输出装置或其他外部设备之间信号的连接。通过 I/O 板，机器人可以接收现场或远程的输入信号，并以这些信号作为依据，通过程序形成输出信号。输出信号通过硬件与周边设备协同工作，共同达到控制效果。I/O 板一般通过 Device Net、Profinet、Profibus-DP 等总线连接的方式与控制器核心进行连接，通常安装在机器人的控制柜中，不同的总线连接方式在接口外观上对应不同的形状。标准 I/O 板提供的常用信号处理包含了数字输入 di、数字输出 do、模拟输入 ai、模拟输出 ao、以及输送链跟踪这几类。我们以 ABB 机器人标准 I/O 板为例，向大家介绍如何对设置相关参数。

1. 常用的 ABB 标准 I/O 板

机器人 I/O 板类型有很多，为机器人的实际应用提供了丰富的 I/O 通信接口，可以实现与数量相对较多的周边设备进行通信。常见的 ABB 机器人标准 I/O 板类型和相关参数，参见表 2.1.1。

表 2.1.1　常见的 ABB 标准 I/O 板及说明

型号	参数
DSQC 651	分布式 I/O 模块 di8/do8 ao2
DSQC 652	分布式 I/O 模块 di16/do16
DSQC 653	分布式 I/O 模块 di8/do8 带继电器
DSQC 355A	分布式 I/O 模块 ai4/ao4
DSQC 377A	输送链跟踪单元

　　DSQC652 板作为 ABB 机器人上较为常用的 I/O 板，能够提供 16 个数字输入信号和 16 个数字输出信号的接入处理。下面以此为例做更为详细的介绍。图 2.1.1 是 DSQC652 板的示意图。

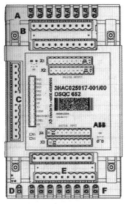

A：数字输出信号指示灯

B：X1、X2 数字输出接口

C：X5 是 DeviceNet 接口

D：模块状态指示灯

E：X3、X4 数字输入接口

F：数字输入信号指示灯

图 2.1.1　DSQC652 板的示意图

表 2.1.2 ～表 2.1.6 列出了模块接口相关说明：

表 2.1.2　X1 端子说明

X1 端子编号	使用定义	地址分配
1	OUTPUT CH1	0
2	OUTPUT CH2	1
3	OUTPUT CH3	2
4	OUTPUT CH4	3
5	OUTPUT CH5	4
6	OUTPUT CH6	5
7	OUTPUT CH7	6
8	OUTPUT CH8	7
9	0V	
10	24V	

16

表 2.1.3　X2 端子说明

X2 端子编号	使用定义	地址分配
1	OUTPUT CH9	8
2	OUTPUT CH10	9
3	OUTPUT CH11	10
4	OUTPUT CH12	11
5	OUTPUT CH13	12
6	OUTPUT CH14	13
7	OUTPUT CH15	14
8	OUTPUT CH16	15
9	0V	
10	24V	

表 2.1.4　X3 端子说明

X3 端子编号	使用定义	地址分配
1	INPUT CH1	32
2	INPUT CH2	33
3	INPUT CH3	34
4	INPUT CH4	35
5	INPUT CH5	36
6	INPUT CH6	37
7	INPUT CH7	38
8	INPUT CH8	39
9	0V	
10	未使用	

表 2.1.5　X4 端子说明

X4 端子编号	使用定义	地址分配
1	INPUT CH9	8
2	INPUT CH10	9
3	INPUT CH11	10
4	INPUT CH12	11

X4 端子编号	使用定义	地址分配
5	INPUT CH13	12
6	INPUT CH14	13
7	INPUT CH15	14
8	INPUT CH16	15
9	0V	
10	24V	

表 2.1.6　X5 端子说明

X5 端子编号	使用定义	备注
1	INPUT CH1	
2	CAN 信号线 low BLUE	1.BLACK 黑色，BLUE 蓝色，WHILE 白色，RED 红色
3	屏蔽线	
4	CAN 信号线 high WHILE	
5	24V RED	
6	GND 地址选择公共端	
7	模块 ID bit 0（LSB）	
8	模块 ID bit 1（LSB）	2. ABB 标准 I/O 板是挂在 DeviceNet 网络上的，所以要设定模块在网络中的地址。端子 X5 的 6~12 的跳线用来决定模块的地址，地址可用范围在 10~63
9	模块 ID bit 2（LSB）	
10	模块 ID bit 3（LSB）	如上图，将第 8 脚和第 10 脚的跳线剪去，2+8=10 就可以获得 10 的地址
11	模块 ID bit 4（LSB）	
12	模块 ID bit 5（LSB）	

2. 配置机器人 I/O 板

　　配置机器人 I/O 板是指对 I/O 板的总线连接的相关参数进行定义，使其在系统中可识别。参数定义一般通过机器人示教器进行操作，主要涉及总线连接、数字输入信号 di、数字输出信号 do、组输入信号 gi、组输出信号 go 几个方面。在利用示教器进行配置时，关键点是需要寻找到示教器上的相关菜单，如图 2.1.2 所示。

图 2.1.2　I/O 板 DSQC652 参数配置界面

我们以 ABB 标准 I/O 板 DSQC652 为例讲解相关参数配置。DSQC652 是下挂在 DeviceNet 现场总线下的设备，通过 X5 端口与 DeviceNet 现场总线进行通信。因此需要在对应的 DeviceNet Addres 参数中设定 I/O 板的地址，参见表 2.1.7。

表 2.1.7　总线连接参数及说明

参数名称	说明
Name	设定 I/O 板在系统中的名称
DeviceNet Addres	设定 I/O 板在总线中的地址

机器人 I/O 板的数字输入、输出信号一般是外部的触点、开关、变送器、传感器等信号接入与电流、电压、开关等信号传送到外部的信号。需要配置的相关参数，参见表 2.1.8。

表 2.1.8　数字输入、输出信号参数及说明

参数名称	说明
Name	设定数字输入、输出信号的名称
Type of Signal	设定信号的类型
Assigned to Device	设定信号所在的 I/O 模块
Unit Mapping	设定信号所占用的地址

组输入 / 输出信号就是将几个数字输入信号组合起来使用，用于接受外围设备输入的 BCD 编码的十进制数。组信号占用地址 1 ～ 4 共 4 位，可以代表十进制数 0 ～ 15。依此类推，

如果占用地址 5 位的话，可以代表十进制数 0 ～ 31。参见表 2.1.9。

表 2.1.9　组数字输入、输出信号参数及说明

参数名称	说明
Name	设定组输入、输出信号的名称
Type of Signal	设定信号的类型
Assigned to Device	设定信号所在的 I/O 模块
Unit Mapping	设定信号所占用的地址

3. I/O 信号监控和操作

可在"控制面板"下的"配置"界面找到"I/O"菜单选项，将常用的 I/O 信号添加到输入输出界面的常用视图，如图 2.1.3 所示。

在这个界面，可看到在之前所定义的信号。可对信号进行监控、仿真和强制的操作。

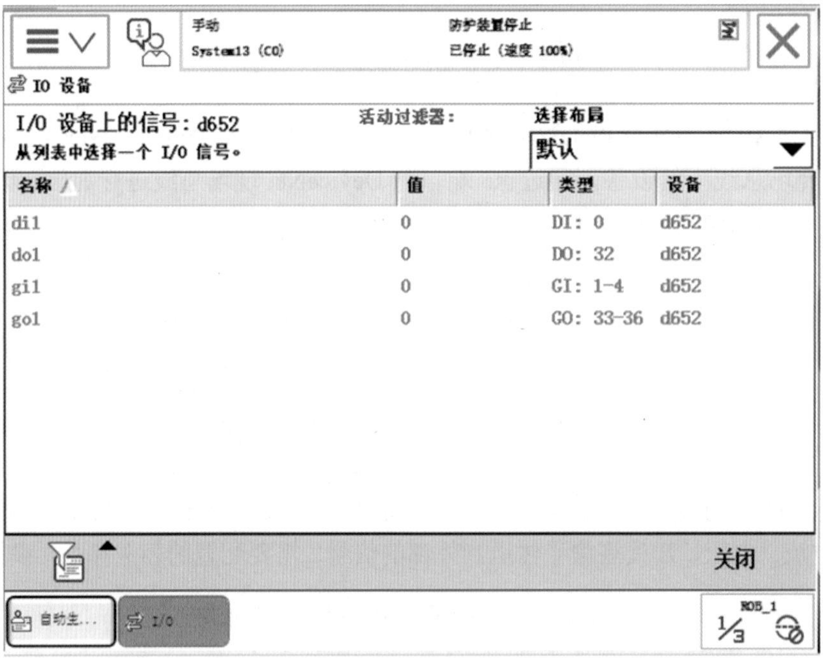

图 2.1.3　信号界面

对 I/O 信号的状态或数值进行仿真和强制的操作，是方便在机器人调试和检修时，可以较快地了解相关信号下机器人的运行情况，而无需将相连接的外围设备共同上电调试。

仿真和强制操作分别是对应输入信号和输出信号，输入信号是外部设备发送给机器人的信号，所以机器人并不能对此信号进行赋值，但是在机器人编程测试环境中，为了方便模拟外部设备的信号场景，使用仿真操作来对输入信号赋值。消除仿真之后，输入信号就可以回到之前的真正的值。对于输出信号，则可以直接进行强制赋值操作，使机器人提供

向外的信号。消除强制之后，输出信号同样回到之前的真正的值，如图 2.1.4 所示。

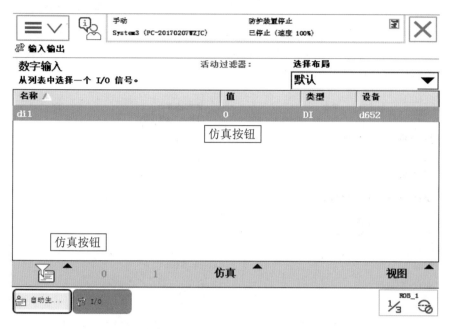

图 2.1.4　信号仿真与强制界面

同时，还可以将示教器上的可编程按钮与 I/O 信号绑定，以便快捷地在调试过程中，对几个常用的 I/O 信号进行仿真或强制操作。

在"控制面板"中选择"配置可编程按键"，可以将可编程按钮与信号进行关联，有多种按键方式可以选择，可以根据不同的需求，模拟触发信号的实际情况，如图 2.1.5 所示。

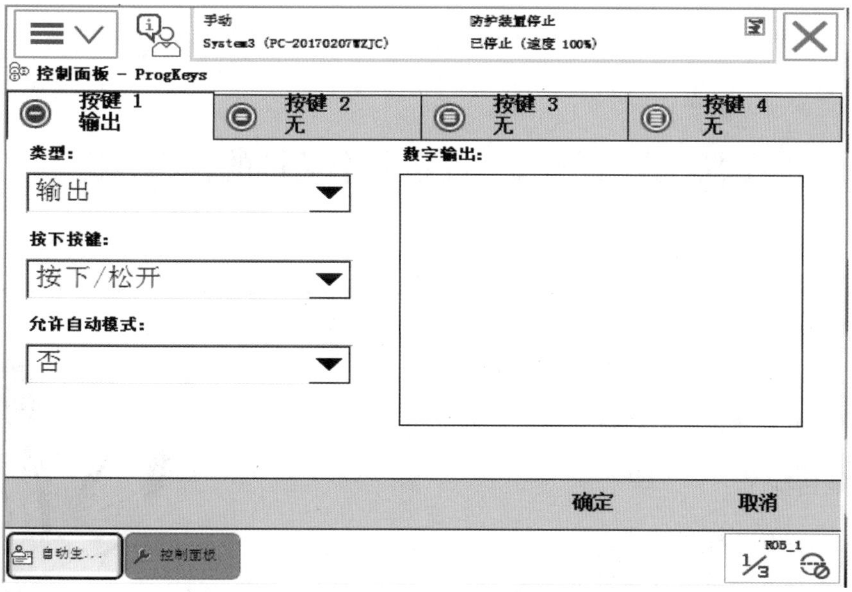

图 2.1.5　信号与可编程按钮绑定界面

另外，数字输入输出信号可以用于机器人系统控制信号及状态信号的联系。当我们在编程过程中添加了数字信号之后，"控制面板"-"配置"界面的"System Input"菜单中，可以将数字输入信号与系统的控制信号关联起来，就可以对系统进行控制（例如机器人电动机的开启、程序启动等）。系统的状态信号也可以与数字输出信号关联起来，将系统的状态输出给外围设备，以作控制之用，如图 2.1.6 所示。

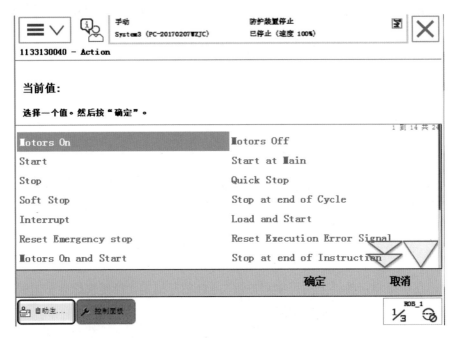

图 2.1.6　系统控制信号及状态信号界面

任务 2　设定三个关键的程序数据

知识目标

1）了解机器人程序数据包含的类型；

2）了解机器人三个关键程序数据的作用。

技能目标

1）掌握程序数据的建立方法；

2）掌握三个关键程序数据的设定。

程序数据

在实际生产中，我们通过程序对机器人进行控制。程序重要组成部分就是进行数据的运算、传送和处理，程序数据就是机器人编程所使用到的或系统模块中设定的值和定义的一些数据。程序数据在编程过程中创建后，可以由同一个模块或其他模块中的相关指令进行引用。程序数据的类型有很多，通常根据实际情况进行程序数据的创建。以 ABB 机器人为例，其能够建立的程序数据共有 76 个，包含了在实际过程中所应用的大部分数据类型。在示教器的"程序数据"窗口，我们可查看和创建所需要的程序数据。

1. 常用的程序数据

根据不同的数据用途，定义了不同的程序数据。它们像是一个个不同类型的容器，用于记录各种相关的参数。表 2.2.1 是常见的 ABB 标准 I/O 板及说明。

表 2.2.1　常见的 ABB 标准 I/O 板及说明

程序数据	说明	程序数据	说明
bool	布尔量	orient	姿态数据
byte	整数数据 0 ~ 255	pos	位置数据（只有 X、Y 和 Z）
clock	计时数据	pose	坐标转换
dionum	数字输入 / 输出信号	robjoint	机器人轴角度数据
extjoint	外轴位置数据	robtarget	机器人与外轴的位置数据
intnum	中断标志符	speeddata	机器人与外轴的速度数据
jointtarget	关节位置数据	string	字符串
loaddata	负荷数据	tooldata	工具数据
mecunit	机械装置数据	trapdata	中断数据
num	数值数据	wobjdata	工件数据
zonedata	TCP 转弯半径数据		

2. 建立程序数据

程序数据的建立一般可以分为两种形式，一种是直接在示教器中的"程序数据"菜单界面中建立程序数据；另一种是在编程过程中，建立程序指令时，同时自动生成对应的程序数据。两种方法区别只是建立的时间不同，所建立的程序数据本质没有差异。使用第一种方法建立数据时，可以看到全部数据类型界面，如图 2.2.1 所示。

图 2.2.1　程序数据的总览界面

当我们利用示教器建立程序数据时，进入示教器中的"程序数据"菜单界面中，根据实际需求，选择对应类型的数据，需要进一步对"名称""范围"等相关的参数选项进行定义后，才能在程序中被准确调用，我们以"bool"类型的程序数据建立为例，相关参数如图 2.2.2 所示。

图 2.2.2　程序数据的参数设置界面

程序数据建立涉及的相关参数含义，参见表 2.2.2。

表 2.2.2　常见的 ABB 标准 I/O 板及说明

设定参数	说明
名称	设定数据的名称
范围	设定数据可使用的范围
存储类型	设定数据的可存储类型
任务	设定数据所在的任务
模块	设定数据所在的模块
例行程序	设定数据所在的例行程序
维数	设定数据的维数
初始值	设定数据的初始值

3. 三个关键的程序数据的设定

机器人在动作时，是个复杂的运动系统。它的每一个动作都是各个元部件共同作用的结果。为了系统地、精确地描述机器人各个元部件的作用，需要引入一套坐标系统。机器人移动是通过工具坐标系同工件坐标系通过矩阵计算来确定的。因此，在进行正式的编程之前，就需要构建起必要的坐标环境，其中有三个必须的程序数据（工具数据 tooldata、工件坐标 wobjdata、负荷数据 loaddata）就需要在编程前进行定义，用于对相关坐标系进行描述。这三个关键的程序数据结合机器人控制系统，能够使机器人的空间运动得以以恰当的方式到达准确的位置，完成作业要求。

（1）工具数据 tooldata

一般不同的机器人应用配置不同的工具，比如弧焊的机器人就使用弧焊枪作为工具，而用于搬运板材的机器人就会使用吸盘式的夹具作为工具。不同的工具对应不同工具坐标系，为了描述不同的工具坐标系，我们用不同的工具中心点（Tool Center Point，TCP）来区别。TCP 是工具坐标系的原点，机器人工具坐标系由 TCP 和坐标方位组成。它们确定后，就可以提供控制系统机器人当前使用工具的坐标系。工具数据 tooldata 就描述安装在机器人第六轴上的工具的 TCP、质量、重心等重要参数数据。因此，配置 tooldata 是机器人编程的重要环节。默认工具（tool0）的 TCP 位于机器人安装法兰盘的中心，也是原始的 TCP 点。如图 2.2.3 所示。

工具数据 tooldata 的设定方法如下：

a. 首先在机器人工作范围内找一个容易观察的固定点作为参考点；

b. 然后在工具上确定一个参考点（最好是工具的中心点）；

c. 手动操纵机器人，去移动工具上的参考点，以四种以上不同的机器人姿态尽可能与固定点刚好碰上，记录下每次点的数据。

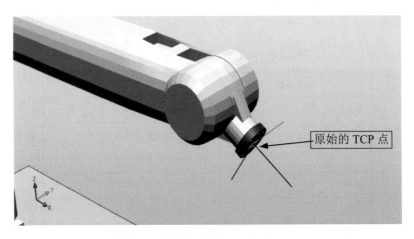

图 2.2.3　默认工具（tool0）的 TCP

定义工具坐标系时，一般有四点法、五点法和六点法三种方法。

四点法是使机器人通过四种不同姿态与固定的参考点相碰，控制系统通过计算得出新的 TCP 与机器人手腕中心点（tool0）的相对位置，以此为基础新建的坐标系方向与 tool0 一致，如图 2.2.4 所示。

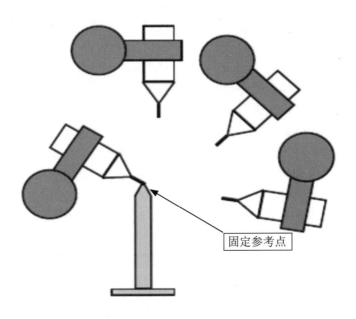

图 2.2.4　四点法定义工具坐标系操作

五点法是在四点法的基础上，第五点与固定的参考点连线作为新建坐标系 Z 方向。

六点法是在四点法的基础上，第五点与固定的参考点连线作为新建坐标系 X 方向，第六点与固定的参考点连线作为新建坐标系 Z 方向（图 2.2.5），此方法在焊接应用最为常用。

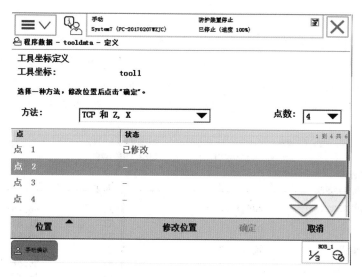

图 2.2.5　六点法定义工具坐标系界面

为了获得更准确的工具数据 tooldata，采用使用六点法进行操作。机器人通过这几个位置点的位置数据计算求得 TCP 和相关坐标位置的数据，数据就保存在 tooldata 这个程序数据中，当程序运行时，被程序进行调用。执行程序时，机器人将 TCP 移至编程位置。这意味着，如果要更改工具和工具坐标系，机器人的移动将随之更改，以便到达目标。所有机器人在手腕处都有一个预定义工具坐标系，该坐标系被称为 tool0。这样就能将一个或多个新工具坐标系定义为 tool0 的偏移值。

机器人在末端加上工具后，需要根据实际情况设定工具的质量 mass（单位 kg）和重心位置偏移数据，重心的 X、Y、Z 值是指相对于 tool0 的三轴偏移值，单位是 mm，如图 2.2.6 所示。

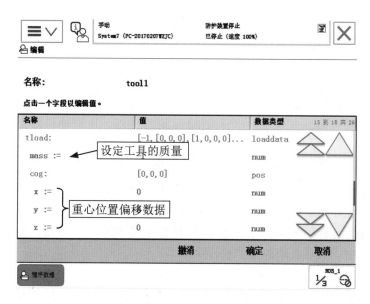

图 2.2.6　设定工具的质量和重心位置偏移数据

设定相关值后，可以进入到示教器的"手动操纵"界面，调用新建立的工具数据 tooldata。在动作模式选定为"重定位"。坐标系统选定为"工具"。工具坐标选定为新建立的坐标系。此时，若我们使用示教器手动将工具参考点靠上固定点，然后在重定位模式下手动操纵机器人。如果工具数据 tooldata 设定精确，便可以看到工具参考点与固定点始终保持接触，而机器人会根据重定位操作改变姿态，如图 2.2.7 所示。

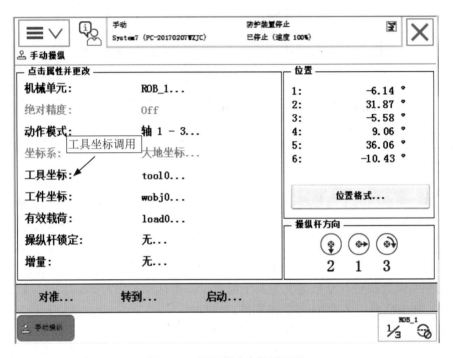

图 2.2.7　调用新建坐标系界面

（2）工件坐标 wobjdata

机器人工件坐标系是由工件原点与坐标方位组成，工件坐标对应工件，它定义工件相对于大地坐标（或其他坐标）的位置。

机器人可以拥有若干工件坐标系，或者表示不同工件，或者表示同一工件在不同位置的若干副本。通过重新定义工件坐标 wojdata，可以简便地完成一个程序适用多个机器人。通过机器人寻找指令 search 与工件坐标 wojdata 联合使用，可以使机器人的工作位置更具柔性化。

在实际应用中，我们对机器人的编程主要围绕创建目标点和路径来进行，而这些目标点与路径依托于工件坐标系中。在特定的工件坐标系下进行编程，有很多优点：第一点，我们若重新定位工作站中的工件时，只需要更改工件坐标的位置，所有路径会随之更新。第二点，当工件通过外轴或传送导轨进行移动时，因为整个工件可连同其路径一起移动，所以可以在编程中让机器人跟随工件进行操作。

第一个优点可以由图 2.2.8 做简要说明。A 是机器人的大地坐标，为了方便编程，给第一个工件建立了一个工件坐标 B，并在这个工件坐标 B 中进行轨迹编程。如果台子上还有一个一样的工件需要走一样的轨迹，那只需建立一个工件坐标 C，将工件坐标 B 中的轨迹复制一份，然后将工件坐标从 B 更新为 C，则无需对一样的工件进行重复轨迹编程了。

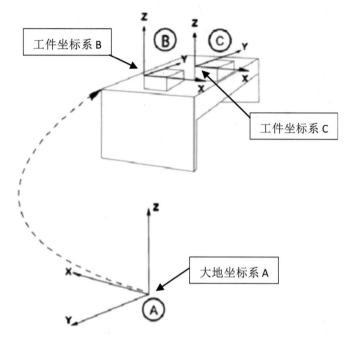

图 2.2.8　工件坐标系更新示意图

　　而第二个优点可以由图 2.2.9 简要说明。如果在工件坐标 B 中对 A 对象进行了轨迹编程，当工件坐标的位置变化成工件坐标 D 后，只需在机器人系统重新定义工件坐标 D，则机器人的轨迹就自动更新到 C 了，不需要再次轨迹编程了。因 A 相对于 B，C 相对于 D 的关系是一样，并没有因为整体偏移而发生变化。

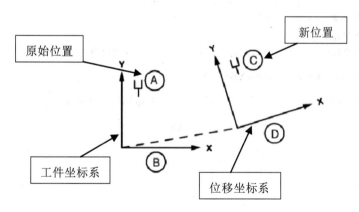

图 2.2.9　路径随工件坐标系改变示意图

　　创建工件坐标系的原理是，在对象的平面上，定义三个点，进行一个工件坐标建立。如图 2.2.10 所示，工件坐标系的 X1 点确定工件坐标的原点，X1、X2 点确定工件坐标 X 正方向，Y1 确定工件坐标 Y 正方向。三点法所建立的工件坐标系符合右手定则。

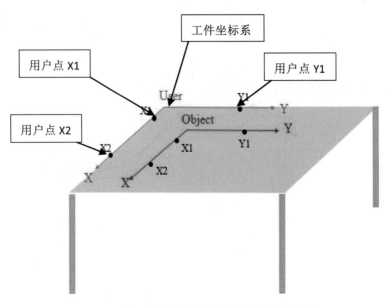

图 2.2.10　工件坐标系建立原理示意图

　　了解三点法创建工件坐标系的原理后，编程前，我们就要根据实际工作时面对的工件，通过示教器，进行关键程序数据之一的工件坐标 wojdata 相关参数的设定。首先要进入到示教器的"程序数据"界面，点击"wojdata"进行新建。新建后，需要在示教器界面下方的"编辑"菜单中选择"定义"进行对应坐标点记录的操作。操作方法和工具数据 tooldata 的设定相类似，需要根据示教器的界面中"用户点"的提示，将机器人手动操作移至目标点后进行修改记录，如图 2.2.11 所示。

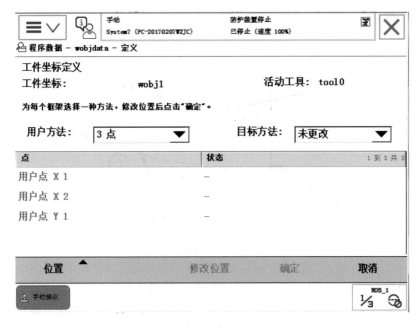

图 2.2.11　工件坐标系建立示教器界面图

（3）有效载荷数据 loaddata

有效载荷指机器人在规定的性能范围内，机械接口处能承受的最大负载量。机器人在工作时，往往需要在其工作空间负载一定质量的重物，包括其自身所携带的夹具，机器人可以携带的最大负荷，从几千克到几百、上千千克不等。当机器人将目标工件从一个工位搬运到另一个工位，需要将工件的重量和机器人手爪的重量加到其总工作负荷。而程序数据有效载荷 loaddata 就是用于定义编程中机器人的总工作负荷，为机器人各关节轴的运动控制提供参考。

另外，特别需要注意的是机器人的负载曲线，在空间范围的不同距离位置，实际负载能力会有差异，因此并不能认为是一个定值。对于搬运应用的机器人，应该正确设定夹具的质量、重心 tooldata，以及搬运对象的质量和重心数据 loaddata，对有效载荷的数据根据实际的情况进行设定。各参数代表的含义请参考下面的有效载荷参数及说明表，参见表2.2.2。

表 2.2.2　有效载荷参数及说明

参数名称	说明
mass	有效载荷质量
cog: x y z	有效载荷重心
aom: q1 q2 q3 q4	力矩轴方向
ix iy iz	有效载荷的转动惯量

任务 3　认识机器人程序及指令

知识目标

1) 了解机器人编程的概念；
2) 了解机器人程序的基本指令分类。

技能目标

3) 掌握机器人程序的编写方法；
4) 掌握机器人程序基本指令的调用。

一、机器人编程的概念

编程是编写程序的简称，就是让计算机为解决某个问题而使用某种程序设计语言编写程序代码，并最终得到相应结果的过程。机器人的控制系统也可以看成是计算机控制系统的一种。因此，当我们需要让机器人完成某一特定的工作任务时，就必须通过机器人程序编写来实现。

为了使机器人能够按照我们设定的目标运行，我们就必须将需要解决的问题的思路、方法和手段，通过机器人控制系统能够理解的形式进行告知，使得机器人能够根据人的指令一步一步去工作，完成某种特定的任务。我们需要解决的问题的素材、方法和思路，就是对应了机器人程序中的程序数据、函数和算法结构等概念。

机器人运动和作业的指令都是由程序进行控制。常见的编制方法有两种：示教编程方法和离线编程方法。其中示教编程方法包括示教、编辑和轨迹再现，可以通过示教盒示教和导引式示教两种途径实现。由于示教方式实用性强，操作简便，因此大部分机器人都采用这种方式。离线编程方法是利用离线编程软件，在软件中进行虚拟仿真，把需要完成的任务通过一些规划算法来获取机器人工作时规划轨迹相关的程序，最后通过通信连接，传输到机器人控制系统中。与示教编程不同，离线编程不与机器人发生关系，在编程过程中机器人可以照常工作。

机器人编程的基础是对编程语言的熟练掌握。编程语言用于准确地定义计算机所需要使用的数据，并精确地定义在不同情况下所应当采取的行动。一般用户接触到的语言都是机器人公司自己开发的针对用户的语言平台。各家工业机器人公司的机器人编程语言都不相同，例如 ABB 机器人编程语言 RAPID、库卡机器人编程语言 KRL、安川机器人编程语言 INFORM、川崎机器人编程语言 AS、三菱工业机器人编程语言 Melfa-Basic V。

但是，不论变化多大，其关键特性都很相似。这些语言都是一种基于硬件相关的高级语言平台，如 C 语言、C++ 语言、IEC61131 标准语言等，是机器人公司针对用户示教的语言形式，主要进行运动学和控制方面的编程。具体到编程语言风格上，相对来说，欧美的类似高级语言、C 语言或者 Python，日系公司的语言风格则与汇编语言相似。

对于学习者来说，最重要的事情是开拓编程思维，而不是精通一种特定的编程语言。当我们拥有了好的编程思维，再去学习新编程语言的时候会相对容易。我们以 ABB 机器人编程语言 RAPID 为例，作为学习编程的对象。

二、RAPID 程序

在 ABB 机器人控制中，对机器人进行逻辑、运动和 IO 控制的编程语言叫做 RAPID（Robotics Application Programming Interactive Dialogue）。

RAPID 语言类似于高级语言编程，与 VB 语言和 C 语言结构相近。所以如果有一般高级语言编程的基础，就能够快速掌握 RAPID 语言编程。ABB 机器人提供示教器和使用 Robot Studio Online 进行在线编程，也可以使用软件在电脑中使用 ABB 专用虚拟仿真软件 Robot Studio 进行离线编程，在仿真完成后使用 U 盘或通过通信口下载到机器人控制系统中。

RAPID 程序由程序模块与系统模块组成。一般地，只通过新建程序模块来构建机器人的程序，而系统模块多用于系统方面的控制。可以根据不同的用途创建多个程序模块，如专门用于主控制的程序模块，用于位置计算的程序模块，用于存放数据的程序模块，这样便于归类管理不同用途的例行程序与数据。

每一个程序模块包含了程序数据、例行程序、中断程序和功能四种对象，但不一定在一个模块中都有这四种对象，程序模块之间的数据、例行程序、中断程序和功能可以相互调用。程序数据在上一任务中已经做过介绍，本任务主要以例行程序为例，讲解 RAPID 程序的相关概念。

RAPID 程序的基本架构包含有几个部分，参见表 2.3.1。

表 2.3.1　RAPID 程序的基本架构

RAPID 程序			
程序模块 1	程序模块 2	程序模块 3	程序模块 4
程序数据	程序数据	…	程序数据
主程序 main	例行程序	…	例行程序
例行程序	中断程序	…	中断程序
中断程序	功能	…	功能
功能			

在 RAPID 程序中，只有一个主程序 main，可以存在于任意一个程序模块中，作为整个 RAPID 程序执行的起点。

示教器中的"程序编辑器"界面，可以用于查看 RAPID 程序，例如例行程序列表等相关内容，在"模块"和"例行程序"视图中，点击"文件"—"新建"可以建立模块或例行程序，如图 2.3.1 所示。

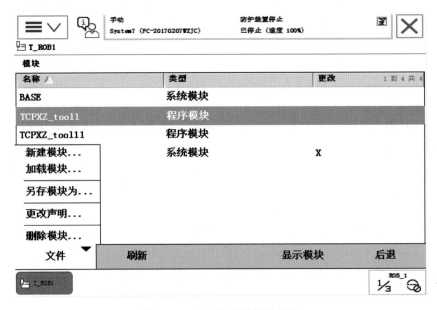

图 2.3.1　新建程序模块示意图

程序是一系列按一定顺序排列的指令，执行程序的过程就是机器人的工作过程。指令就是指挥机器工作的指示和命令，告诉机器人从事某一特殊运算的代码。因此，我们需要掌握组成 RAPID 程序的相关指令，为编写 RAPID 程序打下基础。常用的 RAPID 程序指令分为基本指令、机器人运动指令、I/O 控制指令、条件逻辑判断指令和其他的常用指令这几类，每类又有细分，分别实现各种具体的功能。下面我们逐一介绍。

1. 基本指令

（1）赋值指令

":="赋值指令用于对程序数据进行赋值。赋值可以是一个常量或数学表达式。

下面的例子以添加一个常量赋值与数学表达式赋值说明此指令的使用：

常量赋值：reg1:=5;

数学表达式赋值：reg2:=reg1+4;

2. 机器人运动指令

机器人在空间中运动主要有绝对位置运动、关节运动、线性运动和圆弧运动四种方式。

在添加或修改机器人的运动指令之前，需要确认所使用的工具坐标与工件坐标，如图 2.3.2 所示。

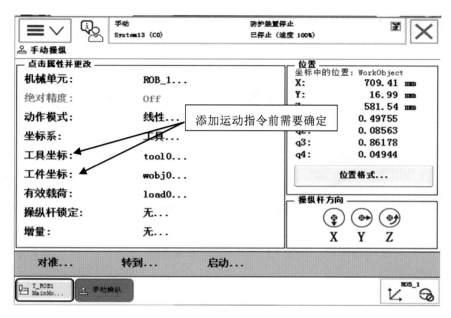

图 2.3.2　工具坐标与工件坐标的确定

（1）绝对位置运动指令 MoveAbsJ

绝对位置运动指令是机器人的运动使用六个轴和外轴的角度值来定义目标位置数据。MoveAbsJ 常用于机器人六个轴回到机械零点（0°）的位置

举例：MoveAbsJ *\NoEOffs， v1000，z50，tool1\Wobj:=wobj1; 参见表 2.3.2。

表 2.3.2　MoveAbsJ 指令相关参数的含义

参数	含义
*	目标点位置数据
\NoEOffs	外轴不带偏移数据
v1000	运动速度数据 1000mm/s
z50	转弯区数据
tool1	工具坐标数据
wobj1	工件坐标数据

这里需要说明的是，表格中运动速度数据参数一项，是指机器人运动过程中 TCP 移动的速度。在 ABB 机器人的控制中，一般情况下，运动速度最高为 50 000 mm/s，在手动操作时，限速状态下，所有的运动速度被限速在 250 mm/s 以下。

（2）关节运动指令 MoveJ

关节运动指令是对路径精度要求不高的情况下，机器人的工具中心点 TCP 从一个位置移动到另一个位置，两个位置之间的路径不一定是直线。关节运动适合机器人大范围运

35

动时使用，不容易在运动过程中出现关节轴进入机械死点的问题，如图 2.3.3 所示。

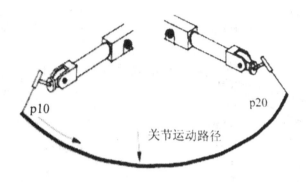

图 2.3.3　关节运动路径示意图

举例：MoveJ p10， v1000， z50， tool1\Wobj:=wobj1，参见表 2.3.2。

表 2.3.2　MoveJ 指令相关参数的含义

参数	含义
p10	目标点位置数据
v1000	运动速度数据

（3）线性运动指令 MoveL

线性运动是机器人的 TCP 从起点到终点之间的路径始终保持为直线。一般如焊接、涂胶等应用对路径要求高的场合使用此指令，如图 2.3.4 所示。

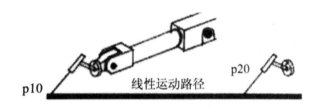

图 2.3.4　线性运动路径示意图

（4）圆弧运动指令 MoveC

圆弧路径是在机器人可到达的控件范围内定义三个位置点，第一个点是圆弧的起点，第二个点用于圆弧的曲率，第三个点是圆弧的终点，如图 2.3.5 所示。

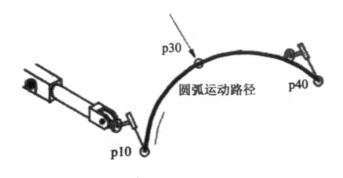

图 2.3.5　圆弧运动路径示意图

举例：

MoveC p30，p40，v1000，fine，tool1\Wobj:=wobj1；参见表 2.3.3。

表 2.3.3　MoveC 指令相关参数的含义

参数	含义
p10	圆弧的第一个点
p30	圆弧的第二个点
p40	圆弧的第三个点
fine	转弯区数据

　　表格中最后一项"转弯区数据"在实际编程中有 Z5、Z20、Z200 和 fine 等不同数值，用于定义产生的转角路径的大小。其中设定为 fine 时，指机器人 TCP 达到目标点，在目标点速度降为零。转弯区数值越大，机器人的动作路径就越圆滑与流畅。机器人动作有所停顿，然后再向下运动，如果是一段路径的最后一个点，一定要为 fine。

　　（5）运动指令的使用示例

　　我们以一段控制机器人运动程序为例，对相关指令进行进一步讲解。如图 2.3.6 所示。

MoveL p1, v200, z10, tool1\Wobj:=wobj1;

MoveL p2, v100, fine, tool1\Wobj:=wobj1;

MoveJ p3, v500, fine, tool1\Wobj:=wobj1;

这段指令对应机器人的三个动作，每个动作的含义如下：

　　第一个动作：机器人的 TCP 从当前位置向 p1 点以线性运动方式前进。运动的速度是200mm/s，转弯区数据是 10mm，距离 p1 点还有 10mm 的时候开始转弯，使用的工具数据是 tool1，工件坐标数据是 wobj1。

　　第二个动作：机器人的 TCP 从 p1 向 p2 点以线性运动方式前进。运动的速度是100mm/s，转弯区数据是 fine，机器人在 p2 点稍作停顿，使用的工具数据是 tool1，工件坐标数据是 wobj1。

第三个动作：机器人的 TCP 从 p2 向 p3 点以关节运动方式前进。运动的速度是 500mm/s，转弯区数据是 fine，机器人在 p3 点停止，使用的工具数据是 tool1，工件坐标数据是 wobj1。

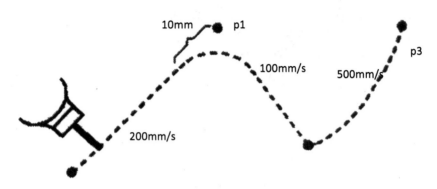

图 2.3.6　示例中运动示意图

3. I/O 控制指令

I/O 控制指令用于控制 I/O 信号，以达到与机器人周边设备进行通信的目的。

（1）Set 数字信号置位指令

Set 数字信号置位指令用于将数字输出（Digital Output）置位为"1"。

举例：

Set do1，参见表 2.3.4。

表 2.3.4　Set 指令相关参数的含义

参数	含义
do1	数字输出信号

（2）Reset 数字信号复位指令

Reset 数字信号复位指令用于将数字输出（Digital Output）置位为"0"。如果在 Set、Reset 指令前有运动指令 MoveJ、MoveL、MoveC、MoveAbsJ 的转弯区数据，必须使用 fine 才可以准确地输出 I/O 信号状态的变化。

举例：

Reset do1;

参数以及说明同 Set 指令。

（3）WaitDI 数字输入信号判断指令

WaitDI 数字输入信号判断指令用于判断数字输入信号的值是否与目标一致。

举例：

WaitDI di1, 1，参见表 2.3.5。

表 2.3.5　WaitDI 指令相关参数的含义

参数	含义
di1	数字输入信号
1	判断的目标值

在例子中，程序执行此指令时，等待 di1 的值为 1。如果 di1 为 1，则程序继续往下执行；如果到达最大等待时间 300s（此时间可根据实际进行设定）以后，di1 的值还不为 1，则机器人报警或进入出错处理程序。

（4）WaitDO 数字输出信号判断指令

WaitDO 数字输出信号判断指令用于判断数字输出信号的值是否与目标一致。

WaitDO do1, 1;

参数以及说明同 WaitDi 指令。

（5）WaitUntil 信号判断指令

WaitUntil 信号判断指令可用于布尔量、数字量和 I/O 信号值的判断。如果条件到达指令中的设定值，程序继续往下执行，否则就一直等待，除非设定了最大等待时间，参见表 2.3.5。

WaitUntil flag = TRUE;

WaitUntil num1 = 4;

表 2.3.5　WaitDI 指令相关参数的含义

参数	含义
flag1	布尔量
num1	数字量

4. 条件逻辑判断指令

条件逻辑判断指令用于对条件进行判断后，执行相应的操作，是 RAPID 中重要的组成部分。

（1）Compact IF 紧凑型条件判断指令

Compact IF 紧凑型条件判断指令用于当一个条件满足了以后，就执行一句指令。

IF flag1 = TRUE Set do1;

如果 flag1 的状态为 TRUE，则 do1 被置位为 1。

（2）IF 条件判断指令

IF 条件判断指令，就是根据不同的条件去执行不同的指令。

指令解析：

IF num1=1 THEN

```
    flag:=TRUE;
ELSEIF num1=2 THEN
    flag1:=FALSE;
ELSE
    Set do1;
ENDIF
```

如果 num1 为 1，则 flag1 会赋值为 TRUE。如果 num1 为 2，则 flag1 会赋值为 FALSE。除了以上两种条件之外，则执行 do1 置位为 1。

* 条件判定的条件数量可以根据实际情况进行增加与减少。

（3）FOR 重复执行判断指令

FOR 重复执行判断指令，是用于一个或多个指令需要重复执行次数的情况。

```
FOR i FROM 1 TO 10 DO
 Routine1;
ENDFOR
```

例行程序 Routine1，重复执行 10 次。

（4）WHILE 条件判断指令

WHILE 条件判断指令，用于在给定条件满足的情况下，一直重复执行对应的指令。

```
WHILE num1>num2 DO
num1:=num1-1;
ENDWHILE
```

当 num1>num2 的条件满足的情况下，就一直执行 num1:=num1-1 的操作。

5. 其他的常用指令

（1）ProcCall 调用例行程序指令

通过使用此指令在指定的位置调用例行程序。

（2）RETURN 返回例行程序指令

RETURN 返回例行程序指令，当此指令被执行时，则马上结束本例行程序的执行。返回程序指针到调用此例行程序的位置。

（3）WaitTime 时间等待指令

WaitTime 时间等待指令，用于程序在等待一个指定的时间以后，再继续向下执行

```
WaitTime 4;
Reset do1;
```

等待 4s 以后，程序向下执行 Reset do1 指令。

任务 4　RAPID 程序编程与调试

知识目标

1）了解机器人程序编写的流程；

2）了解程序流程图的作用。

技能目标

3）掌握基本 RAPID 程序编制和保存模块；

4）掌握基本 RAPID 程序调试及自动运行。

一、基本 RAPID 程序的编制

在之前的内容中，RAPID 程序编程的相关操作及基本的指令。这一节，我们总结性地来讲一讲机器人编程的相关知识。

编制一个程序的基本流程是这样的：

（1）根据实际任务，分析实现任务的工序，制作程序流程图。

（2）确定需要多少个程序模块。多少个程序模块是由任务的复杂性所决定的，比如可以将位置计算、程序数据、逻辑控制等分配到不同的程序模块，方便管理。

（3）确定各个程序模块中要建立的例行程序，不同的功能就放到不同的程序模块中去，如夹具打开、夹具关闭这样的功能就可以分别建立成例行程序，方便调用与管理。

1. 制作程序流程图

程序流程图是程序分析中最基本、最重要的分析技术，它是进行程序流程分析过程中最基本的工具。流程图使用一些标准符号代表程序中包含的各种类型的步骤，如条件判断用菱形框表示，具体的动作用方框表示。使用图形表示程序结构是一种非常高效的方法。它将我们的工序步骤图像化，通过清楚、直观的描述，为我们的编程提供便利性。

流程图是将自然语言转化为程序算法的一种过渡形式，一般需要将每个算法的步骤分解为若干输入、输出、条件结构、循环结构等基本单元，再根据各个单元之间的逻辑关系，用流程线将它们连接起来。

制作程序流程图时，要在图中描述出流程的起点和终点，整个流程是一个从"开始"到"结束"的闭环过程。流程图要尽量简要明了，不太重要的内容和解释说明性的文字可在流程说明中表述，而不必表现在流程图中，参见表 2.4.1。

表 2.4.1　程序流程图

图形符号	名　称	功　能
（圆角矩形框）	起止框（终端框）	表示一个算法的起始和结束
（平行四边形框）	输入、输出框	表示一个算法输入和输出的信息
（矩形框）	执行框（处理框）	赋值、计算
（菱形框）	判断框	判断某一条件是否成立，成立时在出口处标明"是"或"Y"；不成立时标明"否"或"N"
（流程线箭头）	流程线	连接程序框，表示算法步骤的执行顺序

举例：某工厂加工某种零件有三道工序：粗加工、返修加工和精加工。每道工序完成时，都要对产品进行检验。粗加工的合格品进入精加工，不合格品进入返修加工；返修加工的合格品进入精加工，不合格品作为废品处理；精加工的合格品为成品，不合格品为废品；如图 2.4.1 所示。

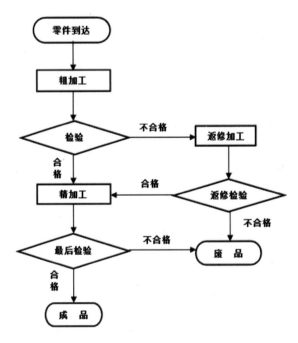

图 2.4.1　示例的生产流程图

2. 建立 RAPID 程序

当对流程图进行编制之后，我们需要开始对程序进行正式的编辑。我们以常用的示教器现场编程为例，介绍相关操作。首先，需要将机器人运行模式调整为手动运行模式。根据前面所学知识，设定三个关键的程序数据工具数据 tooldata、工件坐标 wobjdata 和负荷数据 loaddata。

ABB 示教器菜单中，选择"程序编辑器"，在"文件"菜单中，选择"新建模块"，可以进行新模块的新建，点击界面中已经新建好的模块，同时进行例行程序新建，如图 2.4.2 所示。

图 2.4.2　程序模块新建界面

在主要的程序模块中，先建立一个主程序 main，根据需求步骤再进行相关的例行程序建立。在一些例行程序中，加入在程序正式运行前，需要作初始化的内容，如速度限定、夹具复位等。具体根据需要来添加，如图 2.4.3 所示。

图 2.4.3　例行程序新建界面

最后主要进行的是根据需求添加常用的编程指令。在例行程序选择列表，点击进入需要进行编程的例行程序，单击"添加指令"，打开指令列表。编程界面中蓝色位置为插入指令的位置，在指令列表中选择指令进行添加，并修改相关参数。符号"*"表示机器人工作时对应的坐标点，在点坐标参数确定时，选择合适的动作模式，使用摇杆将机器人运动到对应的位置，如图 2.4.4 所示。

图 2.4.4　示教器编程界面

3. RAPID 程序模块的保存

进入"程序编辑器"，单击"模块"标签。选中需要保存的程序模块。

打开"文件"菜单，选择"另存模块为…"，就可以将程序模块保存到机器人的硬盘或 U 盘，如图 2.4.5 所示。

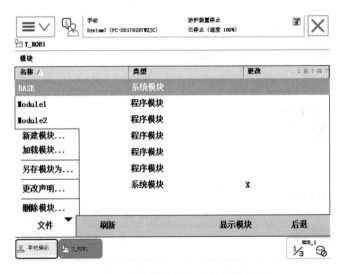

图 2.4.5　程序模块的保存与加载界面

在今后实际的机器人程序开发中，为了能够快速建立起可运行的 RAPID 程序，我们通常会将一个常用的 RAPID 程序结构制作成模板，在此模板中包含了一些基本的模块和例行程序的结构，另外还包括了一些动作检测的功能。使用模板通常是在工作过程基本相同的情况下，通过图 2.4.4 中界面"加载模块"选项，从示教器存储空间中或可与示教器连接的外接存储设备中导入程序模块等存储数据。

4. 对 RAPID 程序进行调试

在完成了程序的编辑以后，接下来的工作就是对这个程序进行调试。程序调试，是将编制的程序投入实际运行前，用手动运行或低速自动运行等方法对程序指令逐条进行测试，确认机器人根据所编写的程序在实际运行中是否有偏移等问题。如有偏移，点动机器人移动至正确位置，并将正确位置输入机器人中。这是保证程序正确性的必不可少的步骤。

调试的主要检测以下三个方面：

（1）机器人的动作步骤是否与预先设计的一致；

（1）动作的位置点是否准确；

（2）程序的逻辑控制是否有不完善的地方。

当出现有与以上三个方面相悖的地方，就要根据实际情况做出调整，修改动作位置甚至是重新进行程序编写。

当我们在示教器的编程界面将例行程序输入完成后，打开"调试"菜单，选择"检查程序"，可以进行例行程序语法检查。如果有错，系统会提示出错的具体位置与建议操作；而如果没有语法等问题存在，系统将会提示"未出现任何错误"，如图 2.4.6 所示。

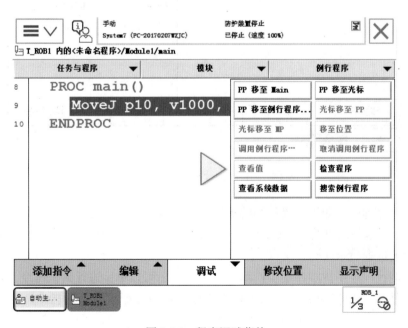

图 2.4.6　程序调试菜单

例行程序的语法问题检测过后，我们需要对所有编写的例行程序试运行，进行检测。

检测时再次打开"调试"菜单，选择"PP 移动至例行程序"选项，进入例行程序选择界面，从列表中选择要调试的例行程序。

进入到例行程序后，可以看到程序名下的第一行程序左侧有一个紫色小箭头。紫色小箭头就是程序指针（PP）。

紫色小箭头的位置就是表示程序指针的指向位置，指向将要执行的指令。当我们使用示教器上的"启动""步进"或"步退"按钮，对程序进行测试时，通过观察程序指针可以知道下一步将执行哪一条指令。

而我们要了解机器人当前正在执行的指令时，则需要通过在同一调试界面中的动作指针 (MP) 来观察。动作指针符号是一个小的紫色机器人，指向的是机器人当前正在执行的指令，通常比"程序指针"落后一个或几个指令。因为系统的执行速度和计算机机器人的路径规划速度，比其他单元的执行速度和计算机机器人的移动速度更快。光标可表示一个完整的指令或一个变元，如图 2.4.7 所示。

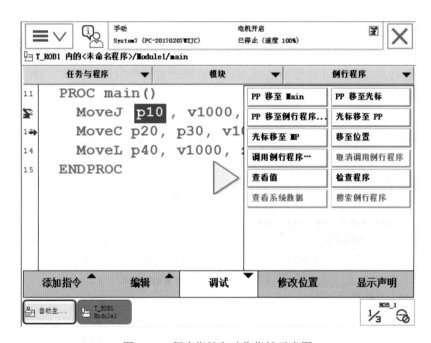

图 2.4.7　程序指针和动作指针示意图

程序调试过程中，如果在"程序编辑器"和其他视图之间切换并再次返回，只要程序指针未移动，"程序编辑器"将显示同一代码部分。如果程序指针已移动，"程序编辑器"将在程序指针位置显示代码。

除了在例行程序中按顺序逐步检测程序，我们还可以单步进行调试指令。选中要调试的指令后，使用"PP 移至光标"，可以将程序指针移至想要执行的指令，进行执行，方便程序的调试。此功能只能将 PP 在同一个例行程序中跳转。如要将 PP 移至其他例行程序，可使用"PP 移至例行程序"功能。

确定调试的程序指令后，都需要进入"电动机开启"状态，按一下"程序启动"按键，并观察机器人的动作。

5. RAPID 程序自动运行

在手动状态下，完成了调试确认运动与逻辑控制正确之后，就可以将机器人系统投入自动运行状态，以下就是 RAPID 程序自动运行的操作。

首先，需要将机器人控制柜的状态钥匙左旋至左侧的自动状态，然后在示教器弹出的提示确认状态的切换。在示教器"自动生产窗口"下方单击"PP 移至 Mian"，将 PP 指向主程序的第一句指令。按下白色按钮，开启电动机，最后按下示教器上的"程序启动"按钮，机器人即可自动运行编辑调试好的程序，如图 2.4.8 所示。

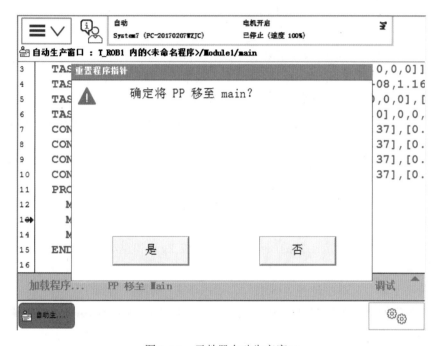

图 2.4.8　示教器自动生产窗口

二、技能实训

为了更加深刻理解本任务中的知识点，掌握机器人岗位中典型工作任务的操作技能，因而设置了具有典型学习意义的两个实训，分别是拆封和连接工业机器人与工业机器人关节调零操作，安全、规范、有序、熟练地行进操作是其实训的目标，所谓学做一体。

实训一：ABB 机器人工具数据 tooldata 的设定

【实训目的】在进行正式的编程之前，就需要构建起必要的编程环境，其中有三个必须的程序数据（工具数据 tooldata、工件坐标 wobjdata、负荷数据 loaddata）就需要在编程前进行定义。工具数据 tooldata 用于描述安装在机器人第六轴上的工具的 TCP、质量、重心等参数数据。因此，机器人的编程需要学会对机器人工具数据进行设定，保证机器人能够顺利实现目标操作。

【实训准备】准备设备和工具有：ABB 机器人示教器，ABB 机器人本体。

【操作步骤】

1）机器人控制柜上电，将钥匙旋钮开关打到手动；

2）ABB 机器人示教器，点击 ABB 图标，在显示菜单中选择"手动操纵"；

3）选择"工具坐标"；

4）单击下方菜单的"新建"；

5）对工具数据属性进行设定后，单击"确定"；

6）选中 tool1 后，单击"编辑"菜单中的"定义"选项；

7）选择"TCP 和 Z，X"，使用 6 点法设定 TCP；

8）选择合适的手动操纵模式；

9）按下使能键，使用摇杆使工具参考点靠上固定点，作为第 1 个点；

10）机器人到达位置后，单击示教器上下方菜单的"修改位置"，将点 1 位置进行记录；

11）工具参考点变换姿态靠上固定点，作为第 2 个点；

12）机器人到达位置后，单击示教器上下方菜单的"修改位置"，将点 2 位置进行记录；

10）工具参考点变换姿态靠上固定点，作为第 3 个点；

12）机器人到达位置后，单击示教器上下方菜单的"修改位置"，将点 3 位置进行记录；

13）同样的方法将剩余的点位坐标进行修改；

14）对误差进行确认，越小越好，但也要以实际验证效果为准；

15）在"工具"菜单中选择"tool1"，然后打开"编辑"菜单选择"更改值"

16）根据实际情况设定工具的质量 mass（单位 kg）和重心位置数据（此中心是基于 tool0 的偏移值，单位 mm），然后单击"确定"；

17）在"工具"菜单中选择"tool1"，点击下方"确定"菜单；

18）在弹出的页面中将"动作模式"选定为"重定位"，坐标系统选定为"工具"，工具坐标选定为"tool1"

19）使用摇杆将工具参考点靠上固定点，然后在重定位模式下手动操纵机器人，如果 TCP 设定精确，可以看到工具参考点与固定点始终保持接触，而机器人会根据重定位操作改变姿态；

20）填写实验报告。

【实训报告】详细记录实训过程和实训结果，并写出实训中所学知识和实训感悟。

实训二：简单 RAPID 程序的编程与调试

【实训目的】机器人空闲时，在位置点 pHome 等待。如果外部信号 di1 输入为 1 时，机器人沿着物体的一条边从 p10 到 p20 走一条直线，结束以后回到 pHome 点。

【实训准备】准备设备和工具有：ABB 机器人示教器，ABB 机器人本体。

【操作步骤】

1）ABB 菜单中，选择"程序编辑器"；

2）如果系统中不存在程序，会弹出新建程序对话框，单击"取消"。

3）打开"文件"菜单，选择"新建模块"，此应用比较简单，只需新建一个程序模块；

4）在弹出的对话框中点击"是"进行确定；

5）定义程序模块的名称后，单击"确定"；

6）选中新建模块，单击"显示模块"；

7）进入到模块后，单击"例行程序"；

8）点击"文件"菜单，单击"新建例行程序"；

9）首先建立一个主程序 main，然后单击"确定"；

10）建立例行程序 rHome 用于机器人回等待位；

11）建立例行程序 rMoveRoutine 存放直线运动路径；

12）选择"rHome"，然后单击"显示例行程序"；

13）到"手动操纵"菜单内，确认已选中要使用的工具坐标与工件坐标；

14）回到程序编辑器，单击"添加指令"，打开指令列表。选中"<SMT>"为插入指令的位置，在指令列表中选择"MoveJ"；

15）双击"*"，进入指令参数修改画面；

16）通过新建或选择对应的参数数据；

17）选择合适的动作模式，使用摇杆将机器人运动到原点的位置，作为机器人的空闲等待点；

18）选中"pHome"目标点，单击"修改位置"，将机器人的当前位置数据记录下来；

19）单击"修改"进行确认；

20）单击"例行程序"标签；

21）选中"rMoveRoutine"例行程序，单击"显示例行程序"；

22）添加"MoveJ"指令，并将参数设定；

23）选择合适的动作模式，使用摇杆将机器人运动到运动路径起始点的位置，作为机器人的 p10 点；

24）选中"p10"点，单击"修改位置"，将机器人的当前位置记录到 p10 中去；

25）添加"MoveL"指令，并将参数设定；

26）选择合适的动作模式，使用摇杆将机器人运动到运动路径的终点，作为机器人的 p20 点；

27）选中"p20"点，单击"修改位置"，将机器人的当前位置记录到 p20 中去；

28）单击"例行程序"标签，选中"main"主程序，进行程序执行主体架构的设定；

29）添加"pHome"和"rMoveRoutine"两个例行程序；

30）打开"调试"菜单，单击"检查程序"，对程序的语法进行检查；

31）打开"调试"菜单，选择"PP 移至例行程序"，左手按下"使能"键，进入"电动机开启"状态，按以下"单步向前"按键，并小心观察机器人的移动；

32）依次调试所有例行程序，保证没有错误后，将机器人调整为程序自动运行状态；

33）编写实验报告。

【实训报告】详细记录实训过程和实训结果，并写出实训中所学知识和实训感悟。

习　题

一、填空题

1. 机器人 I/O 板是机器人常用的 I/O（输入／输出）硬件之一，被用于_____与_____或其他外部设备之间信号的连接；

2. DSQC652 板作为 ABB 机器人上较为常用的 I/O 板，能够提供_____个数字输入信号和　个数字输出信号的接入处理。

3. 在进行正式的编程之前，就需要构建起必要的坐标环境，其中有三个必须的程序数据_____、_____、_____就需要在编程前进行定义。

4. 当我们利用示教器建立程序数据时，进入示教器中的_____菜单界面进行新建。

5. 在 ABB 机器人控制中，对机器人进行逻辑、运动以及 I/O 控制的编程语言称为_____。

6. 机器人在空间中运动主要有绝对_____、_____、_____和_____四种方式。

二、选择题

1. DSQC 652 是下挂在 DeviceNet 现场总线下的设备，通过（　）端口与 DeviceNet 现场总线进行通信。

　　A. X2 端口　　　　B. X4 端口　　　　C. X3 端口　　　　D. X5 端口

2. 工具数据 tooldata 就描述安装在机器人第（　）轴上的工具的 TCP、质量、重心等重要参数数据。

　　A. 第一轴　　　　B. 第一轴　　　　C. 第六轴　　　　D. 第一轴

3. 默认工具的 TCP 位于机器人安装法兰盘的（　），也是原始的 TCP 点。

　　A. 重心　　　　　B. 中心　　　　　C. 切面　　　　　D. 横断面

4. （　）是程序分析中最基本、最重要的分析技术

　　A. 柱状图　　　　B. 饼图　　　　　C. 程序流程图　　　D. 三视图

三、判断题

1. 组信号占用地址 1 ～ 4 共 4 位，可以代表十进制数 1 ～ 16。

2. 对 I/O 信号的状态或数值进行仿真和强制的操作，消除仿真之后，输入信号就可以回到之前真正的值。

3. 系统的状态信号也可以与数字输出信号关联起来，将系统的状态输出给外围设备，

以作控制之用。

4. 程序数据在编程过程中创建后，不能由同一个模块或其他模块中的相关指令进行引用。

5. RAPID 程序是由程序模块与系统模块组成。

6. 在 RAPID 程序中，可以有任意个主程序 main，可以存在于任意一个程序模块中。

7. 制作程序流程图时，要在图中描述出流程的起点和终点，整个流程是一个从"开始"到"结束"的闭环过程。

四、简答题

1. 在特定的工件坐标系下进行编程，有什么优点？

2. 有效负荷的含义是什么？

3. 编程的含义是什么？

4. 编制一个程序的基本流程是怎样的？

五、综述题

1. 简述机器人 I/O 板的作用。

2. 工具坐标系和工件坐标系的含义是什么？

3. 程序调试的含义是什么？

项目三　RobotStudio6.0 基本操作

 任务 1　安装 RobotStudio6.0 软件

知识目标

1）了解仿真软件 Robot Studio;

2）了解 Robot Studio 软件下载授权以及操作方法。

技能目标

1）会下载 Robot Studio;

2）会 Robot Studio 软件安装、注册操作。

一、Robot Studio 概念

　　Robot Studio 是 ABB 公司专门开发的工业机器人离线编程软件。Robot Studio 实质上是代表了目前最新工业机器人离线编程的水平，它以其操作简单、界面易懂、功能强大而得到广大工业机器人爱好者一致好评。

1. Robot Studio 软件简述

　　Robot Studio 是一个计算机应用程序，采用了 ABB Virtual RobotTM 技术。Robot Studio 可以实现的主要功能有：CAD 导入、自动路径生成、自动分析伸展能力、碰撞检测、在线作业、模拟仿真、应用功能包、二次开发等，如图 3.1.1 所示。

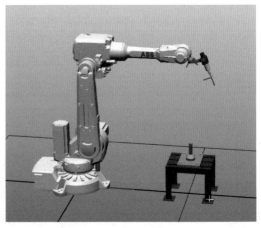

图 3.1.1　ABB 工业机器人

2. **Robot Studio 软件下载**

任意打开一款安全的浏览器，在网址搜索栏处输入需要搜索的网站：www.Robot Studio.com。

下载过程如图 3.1.2 ～图 3.1.5 所示。

图 3.1.2　打开网页

图 3.1.3　OFFERINGS 选项

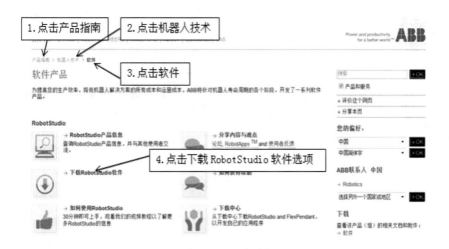

图 3.1.4　进入软件产品界面

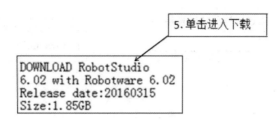

图 3.1.5　下载 Robot Studio 6.02

3. **Robot Studio 软件安装**

当 Robot Studio 软件下载成功后即可对其进行解压、安装操作。安装过程如图 3.1.6～图 3.1.8 所示。

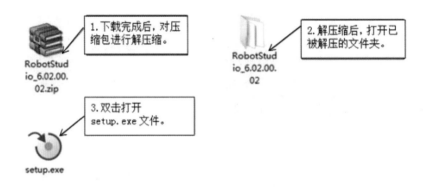

图 3.1.6　解压下载文件

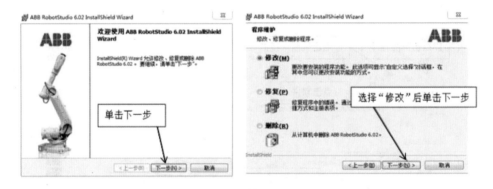

图 3.1.7　打开下载文件

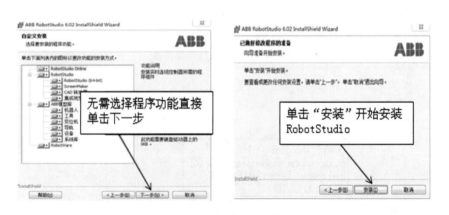

图 3.1.8　安装下载文件

4. Robot Studio 软件破解

当 Robot Studio 软件安装成功后，先不急于点击打开该软件，我们先对其软件进行破解注册来延长 Robot Studio 软件的使用时间。

首先打开 Robot Studio 5.61.02 注册补丁，注册过程如图 3.1.9～3.1.11 所示。

 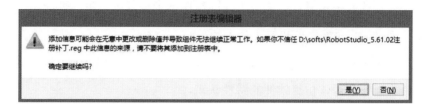

图 3.1.9　注册补丁　　　　　　　　　　图 3.1.10　注册补丁添加到注册表

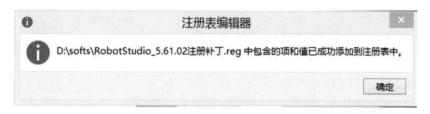

图 3.1.11　成功添加补丁

注意事项：

为了确保 Robot Studio 能够正确地安装，请注意以下的事项：

（1）计算机的系统配置建议，参见表 3.1.1。

表 3.1.1　计算机的系统配置

硬件	要求
CPU	i5 或以上
内存	2GB 或以上
硬盘	空闲 20GB 或以上
显卡	独立显卡
操作系统	Windows7 或以上

（2）操作系统中的防火墙可能会造成 Robot Studio 的不正常运行，如无法连接虚拟控制器，所以建议关闭防火墙或对防火墙的参数进行恰当的设定。

二、技能实训

为了更加深刻理解本任务中的知识点，掌握工作任务的操作技能，设置了具有典型学习意义的两个实训，分别是 Robot Studio 软件下载与 Robot Studio 软件安装，安全、规范、有序、熟练地进行操作是其实训的目标，采用"教学做合一"的教学模式，使理论教学与实践教学相结合，使学生实际操作水平得到进一步的提高。

实训一：下载工业机器人仿真软件 Robot Studio

【实训目的】通过此实训的练习，学生可以熟练掌握工业机器人仿真软件的下载方式，同时也能增加对该仿真软件的感性认识。

【实训准备】准备设备和工具有：Win7 及以上系统的计算机、Robot Studio6.0 系列仿真软件、机器人实训室等。

【操作步骤】

1）准备好 Win7 及以上系统的计算机并连接互联网；

2）打开网站"www.RobotStudio.com"；

3）点击菜单上"OFFERINGS 选项"；

4）点击"产品指南"；

5）点击"机器人技术"；

6）点击"软件"；

7）点击"下载 RobotStudio 软件"选项；

8）选择"RobotStudio6.02"版本仿真软件进行下载；

9）填写实训报告。

【实训报告】详细记录实训过程和实训结果，并写出实训中所学知识和实训感悟。

实训二：安装工业机器人仿真软件 Robot Studio

【实训目的】通过此实训的练习，学生可以熟练掌握工业机器人仿真软件的安装与激活破解方式，同时也能增加对该仿真软件的感性认识。

【实训准备】准备设备和工具有：Win7 及以上系统的计算机、Robot Studio6.0 系列仿真软件、Robot Studio_5.61.02 注册补丁、机器人实训室等。

【操作步骤】

1）在已下载好 Robot Studio6.0 系列软件的计算机盘中进行解压；

2）解压后打开该文件夹；

3）找到 setup.exe 文件后双击打开；

4）出现步骤选择时不做其他动作只需点击选择"下一步"即可；

5）出现"安装"选择时点击并开始进行软件安装；

6）安装成功后不急于打开软件，找到"RobotStudio_5.61.02 注册补丁"文件；

7）双击打开"RobotStudio_5.61.02 注册补丁"后点击确定即可完成软件激活与破解；

8）再双击打开 RobotStudio6.02 软件便可使用；

9）填写实训报告。

【实训报告】详细记录实训过程和实训结果，并写出实训中所学知识和实训感悟。

任务 2　认识 RobotStudio6.0 软件

知识目标

1）认识仿真软件 Robot Studio;
2）了解 Robot Studio 软件界面的构成。

技能目标

1）会运用 Robot Studio 软件;
2）掌握 Robot Studio 软件界面的操作。

一、Robot Studio 软件界面介绍

Robot Studio 软件界面包含了"文件""基本""建模""仿真""控制器""RAPID"和"ADD-Ins"选项功能。

1."文件"功能选项，包含创建新的空工作站、创建工作站和机器人控制器、创建 RAPID 模块文件和创建控制器配置文件，如图 3.2.1 所示。

图 3.2.1   Robot Studio 软件界面

2. "基本"功能选项，包含搭建工作站、创建机器人系统、编程路径和摆放物体所需的控件等，如图 3.2.2 所示。

图 3.2.2   基本选项功能

3. "建模"功能选项，包含创建和和分组工作站组件、创建实体、测量、创建机械装置、工具、输送带，以及其他 CAD 操作所需的控件，如图 3.2.3 所示。

图 3.2.3   建模选项功能

4. "仿真"功能选项，包含创建、控制、监控和记录仿真所需的控件，如图 3.2.4 所示。

图 3.2.4   仿真选项功能

5. "控制器"功能选项，包含用于虚拟控制器 (VC) 的同步、配置和分配给它的任务控制措施。它还包含用于管理真实控制器的控制功能，如图 3.2.5 所示。

图 3.2.5　控制器选项功能

6. "RAPID"功能选项，包括 RAPID 编辑器的功能、RAPID 文件的管理，以及用于 RAPID 编程的其他控件，如图 3.2.6 所示。

图 3.2.6　RAPID 选项功能

7. "ADD-Ins"功能选项，包含 RobotApps 和 RobotWare 的相关控件，如图 3.2.7 所示。

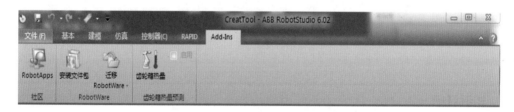

图 3.2.7　ADD-Ins 选项功能

二、技能实训

为了更加深刻理解本任务中的知识点，掌握工作任务的操作技能，因此设置了具有典型学习意义实训，实训任务为 Robot Studio 软件运行，安全、规范、有序、熟练地进行操作是其实训的目标，采用"教学做合一"的教学模式，使理论教学与实践教学相结合，使学生实际操作水平得到进一步的提高。

实训一：运行工业机器人仿真软件 Robot Studio

【实训目的】通过此实训的练习，学生可以熟悉工业机器人仿真软件的运行界面，同时也能增加对该仿真软件的感性认识。

【实训准备】准备设备和工具有：Win7 及以上系统的计算机、Robot Studio6.0 系列仿真软件、机器人实训室等。

【操作步骤】

1）准备好 Win7 及以上系统的计算机并连接互联网；

2）打开 64 位"Robot Studio"仿真软件；

3）点击"文件"选项可新建空工作站；

4）点击"基本"选项可搭建工作站、创建机器人系统；

5）点击"建模"选项可创建实体模型；

6）点击"仿真"选项可创建、控制、监控和记录运行轨迹仿真；

7）点击"控制器"选项可虚拟控制器 (VC) 的同步、配置控制功能；

8）点击"RAPID"选项可进行 RAPID 编辑器的功能、RAPID 文件的管理及编辑功能；

9）点击"ADD-Ins"选项包含 RobotApps 和 RobotWare 的相关控件功能；

10）填写实训报告。

【实训报告】详细记录实训过程和实训结果，并写出实训中所学知识和实训感悟。

 ## 任务 3　构建机器人仿真工作站

知识目标

1）了解工业机器人仿真工作站的构建；

2）了解工业机器人工具加载；

3）了解工业机器人工作系统与运行轨迹。

技能目标

1）会构建工业机器人仿真工作站；

2）会加载工业机器人工具；

3）会创建工业机器人工作系统与轨迹。

一、仿真工作站的构建

Robot Studio 仿真工作站的构建包含了创建空工作站、空工作站解决方案、工作站和机器人控制器解决方案，亦可打开已建好的工作站压缩包进入工作站系统。

1. 合理构建工作站，其包含了工业机器人和工作对象，以及导入 ABB 模型库机器人和机器人工具后的布局也尤为重要，如图 3.3.1 和图 3.3.2 所示。

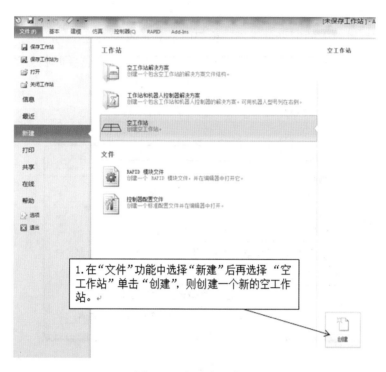

图 3.3.1　创建空工作站

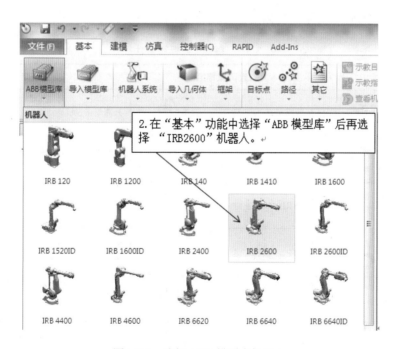

图 3.3.2　选择 ABB 模型库机器人

承重容量：

1）工业机器人的承重能力又称为有效承重，指机器人在工作时臂端可能搬运的物体质量或所能承受的力；

2）当关节型机器人的臂杆处于不同位姿时，其承重能力是不同的；

3）机器人的额定承重能力是指其臂杆在工作空间中任意位姿时腕关节端部所能搬运的最大质量。

设置机器人承重容量和到达距离值，如图 3.3.3 所示。

图 3.3.3　设置机器人承重容量和到达距离值

2. 成功导入机器人后使用键盘 / 鼠标组合功能键，如图 3.3.4 所示。可以对机器人进行旋转、平移、缩放等功能，具体操作参见表 3.3.1。快捷键基本操作，参见表 3.3.2。

表 3.3.1　键盘 / 鼠标组合功能

目的	键盘 / 鼠标组合	说明
选择项目	鼠标左键	只需单击左键即可选择项目
旋转工作站	CTRL+SHIFT+ 鼠标左键	按 CTRL+SHIFT+ 鼠标左键的同时，拖动鼠标对工作站进行旋转
平移工作站	CTRL+ 鼠标左键	按 CTRL+ 鼠标左键的同时，拖动鼠标对工作站进行平移
缩放工作站	CTRL+ 鼠标右键	按 CTRL+ 鼠标右键的同时，将鼠标拖至左侧（右侧）可以缩小（放大）
使用窗口缩放	SHIFT+ 鼠标右键	按 SHIFT+ 鼠标右键的同时，将鼠标拖至要放大的区域
使用窗口选择	SHIFT+ 鼠标左键	SHIFT+ 鼠标左键，将鼠标拖过该区域，以便选择与当前选择层级匹配的所有项目

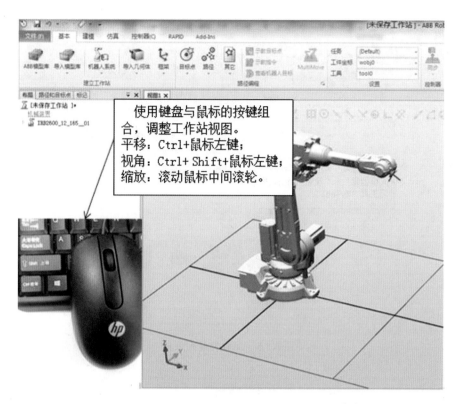

图 3.3.4　键盘 / 鼠标组合功能

表 3.3.2　快捷键基本操作

操作	快捷键	操作	快捷键
打开帮助文档	F1	添加工作站系统	F4
打开虚拟示教器	CTRL + F5	保存工作站	CTRL + S
激活菜单栏	F10	创建工作站	CTRL + N
打开工作站	CTRL + O	导入模型库	CTRL + J
屏幕截图	CTRL + B	导入几何体	CTRL + G
示教运动指令	CTRL + SHIFT + R		
示教目标点	CTRL + R		

1. 加载工业机器人工具

机器人工具相当于人类的手部。手部（末端执行器）：是机器人的作业工具。如抓取工件的各种抓手、取料器、专用工具的夹持器等，还包括部分专用工具，如拧螺钉螺母机、喷枪、焊枪、切割头、测量头等。加载机器人工具操作如图 3.3.5 ～图 3.3.9 所示。

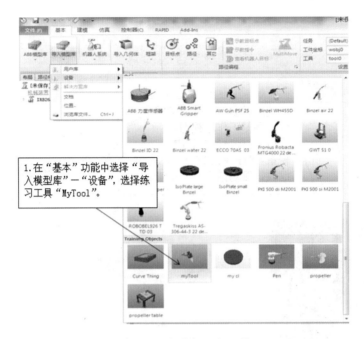

图 3.3.5　加载机器人工具

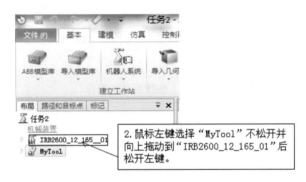

图 3.3.6　机器人与工具合并

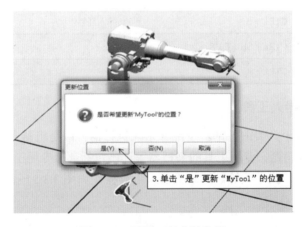

图 3.3.7　更新工具安装位置

64

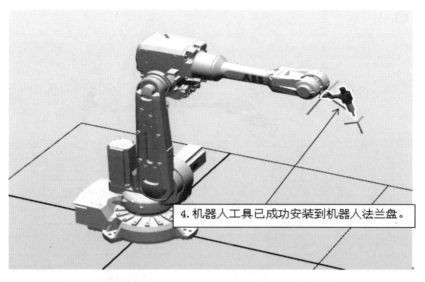

图 3.3.8　工具安装至机器人法兰盘

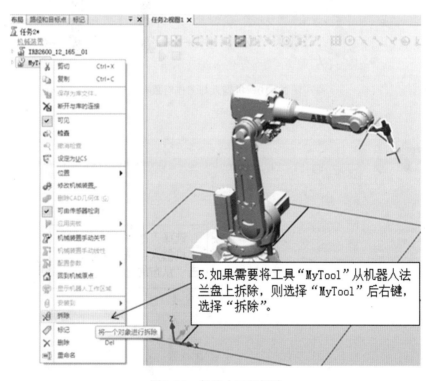

图 3.3.9　机器人工具拆除

2. 创建工业机器人工作系统

完成机器人和工作对象的布局，如图 3.3.10 所示。以后，我们要为机器人加载系统，建立虚拟的控制器，使得机器人具有电气的特性来完成相关的仿真操作，具体操作如图

3.3.11～图 3.3.13。

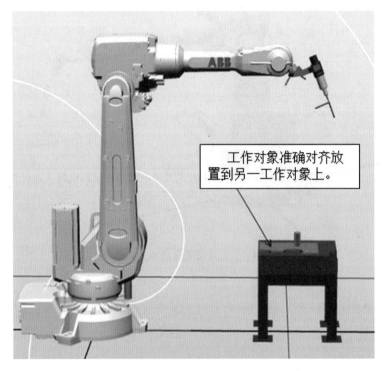

图 3.3.10　机器人与工作对象布局

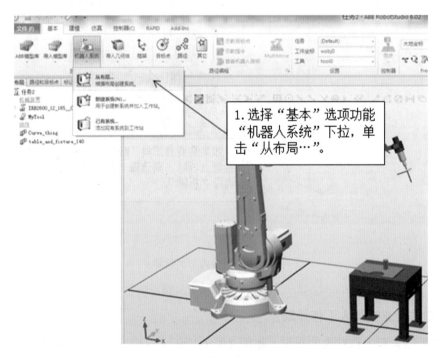

图 3.3.11　选择机器人系统

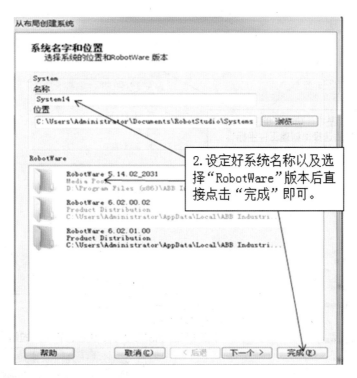

图 3.3.12 设置系统名称及选择系统版本

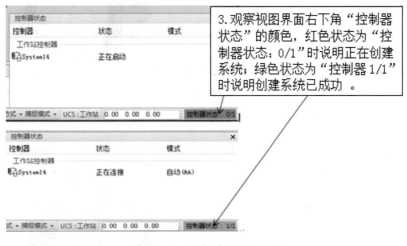

图 3.3.13 工作系统创建成功

3. 创建工业机器人运动轨迹程序

仿真软件与真实的工业机器人操作一样，在 Robot Studio 中工业机器人运动轨迹也是通过 RAPID 程序指令进行控制的，并且生成的轨迹可以下载到真实的机器人中运行。

1）建立工业机器人工件坐标，如图 3.3.14 ～ 3.3.17 所示。

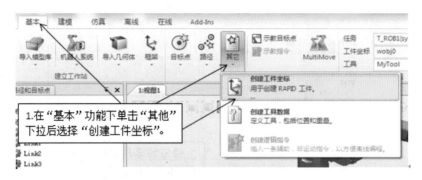

图 3.3.14 创建工件坐标

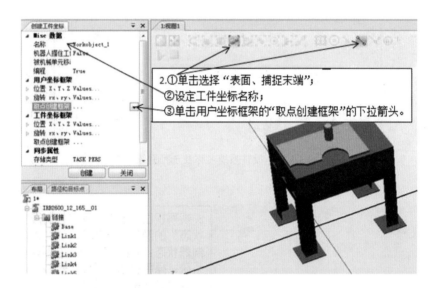

图 3.3.15 创建工件坐标属性

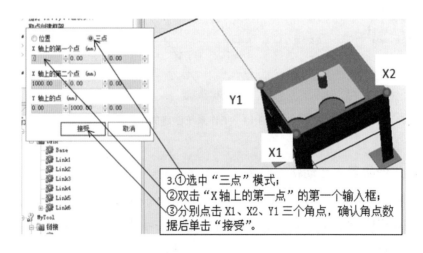

图 3.3.16 "三点"模式坐标

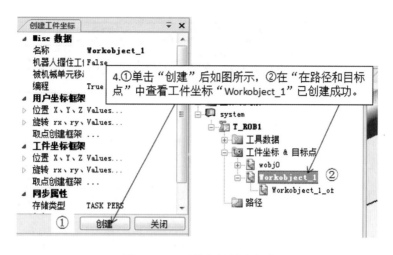

图 3.3.17　工件坐标创建完成

2）RAPID 程序指令功能

要使工业机器人动起来，必须给机器人一系列的指令，让它按照指令来进行运动。ABB 机器人通过编写 RAPID 程序来实现机器人的控制。RAPID 指令包含可以移动机器人、设置输出、读取输入、还能实现决策、重复其他指令、构造程序、与系统操作员交流等功能。

表 3.3.3　程序框架结构

RAPID 程序			
程序模块 1	程序模块 2	程序模块 3	程序模块 4
程序数据 主程序 MAIN 例行程序 中断程序 功能	程序数据 例行程序 中断程序 功能	…… …… …… …… ……	程序数据 例行程序 中断程序 功能

RAPID 程序的架构说明，如图 3.3.18 所示。

① RAPID 程序是由程序模块和系统模块组成。

② 可以根据不同的用途创建多个程序模块。

③ 每一个程序模块包含了程序数据、例行程序、中断程序和功能四种对象。

④ 在 RAPID 程序中，只有一个主程序 main。

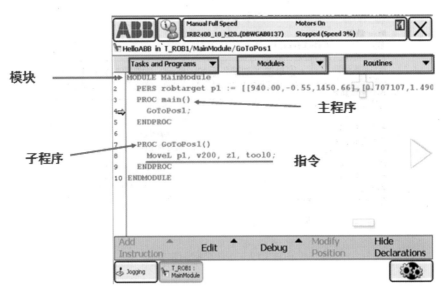

图 3.3.18　RAPID 程序框架结构

3）创建工业机器人运动轨迹程序

工作对象运动轨迹程序，如图 3.3.19 ～图 3.3.25 所示。

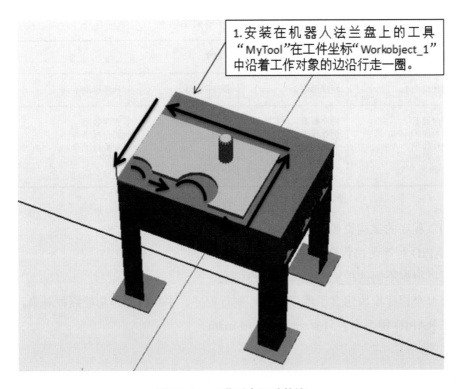

1.安装在机器人法兰盘上的工具 "MyTool"在工件坐标"Workobject_1" 中沿着工作对象的边沿行走一圈。

图 3.3.19　工作对象运动轨迹

提醒广大师生，这里值得注意的一点是，必须保证工件坐标为"Workobject_1"，以及工具为"MyTool"。

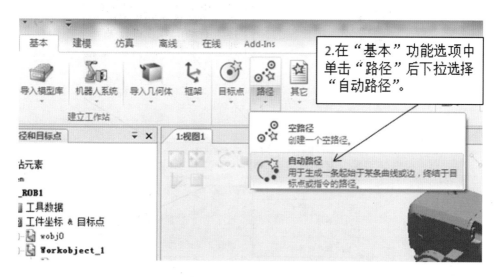

图 3.3.20　选择路径方式

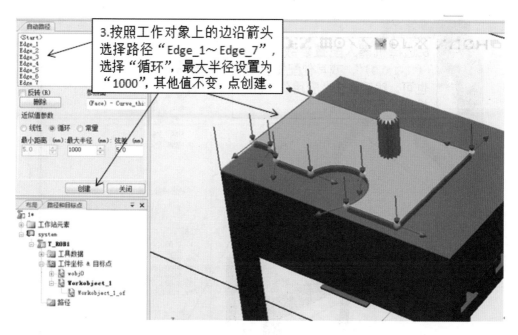

图 3.3.21　创建自动路径及属性

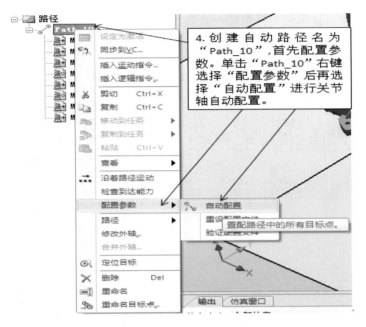

图 3.3.22　自动配置关节轴

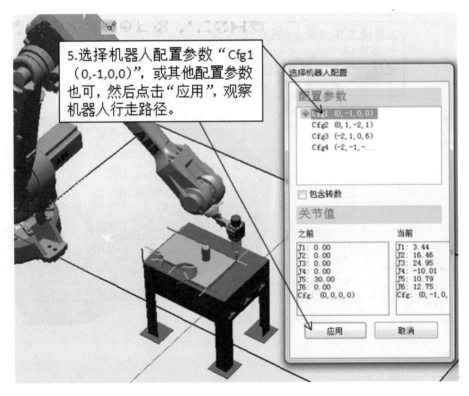

图 3.3.23　配置参数

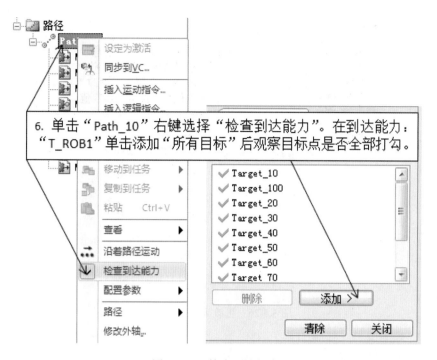

图 3.3.24　检查到达能力

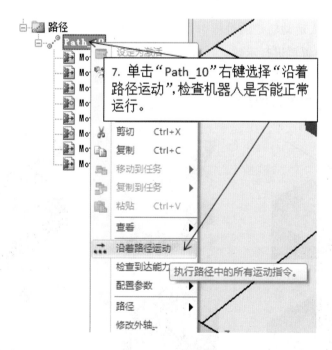

图 3.3.25　路径运动

如果需要更改每一步运动指令的速度（V 数值）和转弯区尺寸（Z 数值），使得机器人运动速度稳定、转弯区时更平缓，进行图 3.3.26 操作，可更改运动指令属性。

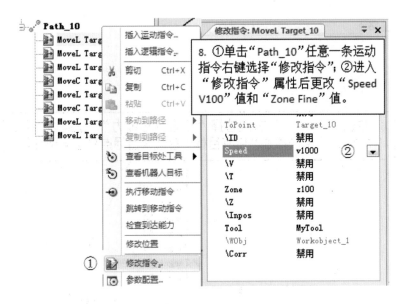

图 3.3.26　更改运动指令属性

在创建机器人运动轨迹指令程序时，要注意以下的事项：

① 手动线性时，要注意观察各关节轴是够会接近极限而无法拖动，这时则要适当做出姿态的调整。

② 在创建机器人运动轨迹的过程中，如果出现机器人无法到达工作对象的情况，适当调整工作对象的位置再进行示教。

③ 在示教的过程中，要适当调整视角，这样可以更好地观察。

线条运动轨迹，如图 3.3.27 所示。

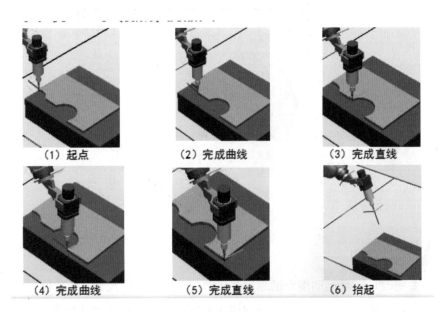

图 3.3.27　线条运动轨迹

运动轨迹程序：

```
MODULE user (SYSMODULE)

! Predefined user data

!********************

! Declaration of numeric registers reg1...reg5

VAR num reg1 := 0;

VAR num reg2 := 0;

VAR num reg3 := 0;

VAR num reg4 := 0;

VAR num reg5 := 0;

! Declaration of stopwatch clock1

VAR clock clock1;

! Template for declaration of workobject wobj1

!TASK PERS wobjdata wobj1 := [FALSE, TRUE, " ", [[0, 0, 0],[1, 0, 0, 0]],[[0, 0, 0],[1, 0, 0, 0]]];

ENDMODULE
```

4）仿真运行机器人运动轨迹

在 Robot Studio 中，为了保证虚拟控制器中的数据与工作站数据一致，需要将虚拟控制器与工作站数据进行同步。当在工作站中修改数据后，则需要执行"同步到 VC"；反之则需要执行"同步到工作站"。如图 3.3.28 ～图 3.3.33 所示。

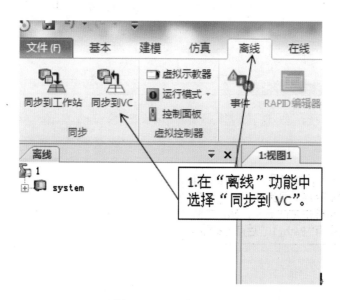

图 3.3.28　同步 VC 端

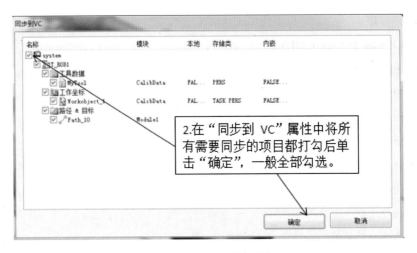

图 3.3.29　同步系统属性

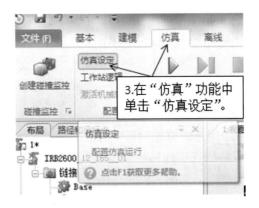

图 3.3.30　仿真设定

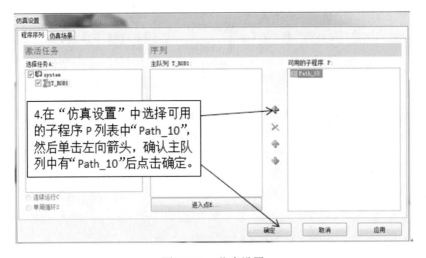

图 3.3.31　仿真设置

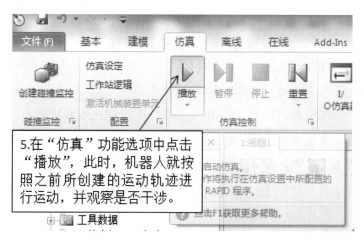

图 3.3.32　运动路径播放

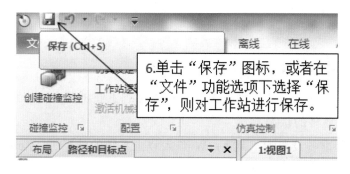

图 3.3.33　工作站保存

二、技能实训

为了更加深刻理解本任务中的知识点，掌握工作任务的操作技能，设置了具有典型学习意义的三个实训任务，分别为工业机器人和工具的加载、创建工业机器人工作系统和创建工业机器人运动轨迹程序，安全、规范、有序、熟练地进行操作是其实训的目标，采用"教学做合一"的教学模式，使理论教学与实践教学相结合，使学生实际操作水平得到进一步的提高。

实训一：工业机器人和工具的加载

【实训目的】通过此实训的练习，学生可以熟悉工业机器人和工具的加载，同时也能增加对该仿真软件的认识。

【实训准备】准备设备和工具有：Win7 及以上系统的计算机、Robot Studio6.0 系列仿真软件、机器人实训室等。

【操作步骤】

1）准备好 Win7 及以上系统的计算机并连接互联网；

2）打开 64 位"Robot Studio"仿真软件；

3）点击"文件"选项可新建空工作站；

4）点击"基本"选项，打开"ABB 模型库"选择 IRB2600 机器人；

5）设置机器人承重容量及到达距离值；

6）点击"基本"选项，打开"导入模型库"选择机器人工具"MyTool"；

7）机器人与工具合并；

8）机器人与工具拆除；

9）填写实训报告。

【实训报告】详细记录实训过程和实训结果，并写出实训中所学知识和实训感悟。

实训二：创建工业机器人工作系统

【实训目的】通过此实训的练习，学生可以熟悉工业机器人工作系统的创建，同时也能增加对该仿真软件的认识。

【实训准备】准备设备和工具有：Win7 及以上系统的计算机、Robot Studio6.0 系列仿真软件、机器人实训室等。

【操作步骤】

1）准备好 Win7 及以上系统的计算机并连接互联网；

2）打开 64 位"Robot Studio"仿真软件；

3）打开"实训一"中已创建的工作站；

4）点击"基本"选项，打开"机器人系统"后选择"从布局"；

5）设置系统名称及选择系统版本；

6）等待控制器为"1/1"状态时创建成功；

7）填写实训报告。

【实训报告】详细记录实训过程和实训结果，并写出实训中所学知识和实训感悟。

实训三：创建工业机器人运动轨迹程序

【实训目的】通过此实训的练习，学生可以熟悉工业机器人工作系统的创建，同时也能增加对该仿真软件的认识。

【实训准备】准备设备和工具有：Win7 及以上系统的计算机、Robot Studio6.0 系列仿真软件、机器人实训室等。

【操作步骤】

1）准备好 Win7 及以上系统的计算机并连接互联网；

2）打开 64 位"Robot Studio"仿真软件；

3）打开"实训二"中已搭建的工作站系统；

4）点击"基本"选项，创建"三点"模式工件坐标；

5）创建自动路径运动轨迹；

6）选择运动路径方式；

7）配置参数；

8）检查到达能力；

9）填写实训报告。

【实训报告】详细记录实训过程和实训结果，并写出实训中所学知识和实训感悟。

实训四：仿真运行机器人运动轨迹

【实训目的】通过此实训的练习，学生可以熟悉工业机器人轨迹运动仿真，同时也能增加对该仿真软件的认识。

【实训准备】准备设备和工具有：Win7 及以上系统的计算机、Robot Studio6.0 系列仿真软件、机器人实训室等。

【操作步骤】

1）准备好 Win7 及以上系统的计算机并连接互联网；

2）打开 64 位"Robot Studio"仿真软件；

3）打开"实训三"中已搭建的工作站系统；

4）点击"离线"选项，选择"同步到 VC 端"选项；

5）勾选所有同步系统属性；

6）点击"仿真"选项，设置仿真属性并导入子程序；

7）点击"播放"选项，即可观察机器人运动仿真路径；

8）保存仿真工作站；

9）填写实训报告。

【实训报告】详细记录实训过程和实训结果，并写出实训中所学知识和实训感悟。

习　题

一、填空题

1. Robot Studio 是_____公司专门开发的工业机器人离线编程软件；

2. Robot Studio 可以实现的主要功能有：_____、自动路径生成、_____、碰撞检测、在线作业、_____、应用功能包、_____等；

3. 下载 Robot Studio 的网站是_____；

4. 为了确保 Robot Studio 能够正确地安装，需注意 CPU 要求在_____；

5. Robot Studio 软件界面包含了"文件""基本"、"_____""仿真""控制器""_____""ADD-Ins"选项功能；

6. 工业机器人的承重能力又称为_____；

7. 机器人工具相当于人类的_____；

8. RAPID 指令包含可以_____、设置输出、_____、还能实现决策、重复其他指令、_____、与系统操作员交流等功能；

二、选择题

1. Robot Studio 软件哪个公司专门开发的？（　　）
   A. KUKA　　　　　B. 安川　　　　　C. ABB　　　　　D. 川崎

2. 旋转工作站时选择哪个组合键？（　　）
   A. CTRL+ 鼠标左键　　　　　　　B. CTRL+SHIFT+ 鼠标左键
   C. SHIFT+ 鼠标左键　　　　　　　D. CTRL+SHIFT

3. 在快捷键基本操作中"打开虚拟示教器"的快捷键是哪个？（　　）
   A. CTRL + F1　　B. CTRL + F3　　C. CTRL + F7　　D. CTRL + F5

4. 在快捷键基本操作中"创建工作站"的快捷键是哪个？（　　）
   A. CTRL + N　　　B. CTRL + B　　　C. CTRL + M　　　D. CTRL + A

5. 计算机的系统配置要求 CPU 达到多少或以上？（　　）
   A. i2　　　　　　B. i5　　　　　　C. i3　　　　　　D. i4

三、判断题

1. RAPID 程序是由程序模块和系统模块组成。（　　）

2. Robot Studio 是 KUKA 公司专门开发的工业机器人离线编程软件。（　　）

3. 在 Robot Studio 快捷键基本操作中"屏幕截图"的快捷键是 CTRL+C。（　　）

4. 每一个程序模块包含了程序数据、例行程序、中断程序和功能四种对象。（　　）

四、简答题

1. 简述 RAPID 程序指令功能。

2. 简述 Robot Studio 软件。

3. 简述仿真运动路径过程。

项目四　RobotStudio 虚拟仿真与编程

任务 1　激光切割轨迹编程与仿真

知识目标

1）了解切割曲线及切割轨迹的生成；
2）理解机器人目标点工具方向调整方法；
3）理解机器人轴配置参数的调整方法。

技能目标

1）学会生成切割曲线和创建切割轨迹；
2）学会调整机器人目标点工具方向；
3）学会调整机器人轴配置参数；
4）学会仿真设定与仿真运行。

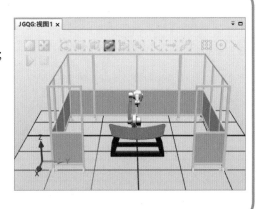

　　在本任务中，以机器人进行激光切割为例，介绍离线编程与仿真的方法，即根据三维模型曲线特征，利用 RobotStudio6.04 软件自动路径功能，自动生成机器人激光切割的运行轨迹路径。

一、构建激光切割工作站

1. 导入机器人

　　双击桌面上的 RobotStudio6.04.01（32-bit）图标，然后单击"新建"→"空工作站"→"创建"，建立一个空工作站。在"基本"选项卡中，单击"ABB 模型库"，再单击"IRB1600机器人"，弹出 IRB1600 对话框，在"容量"下方选择 10kg，在"到达"下方选择 1.45m，如图 4.1.1 所示。然后单击"确定"，则 IRB1600 机器人导入到视图 1 中，如图 4.1.2 所示。

图 4.1.1　IRB1600 对话框

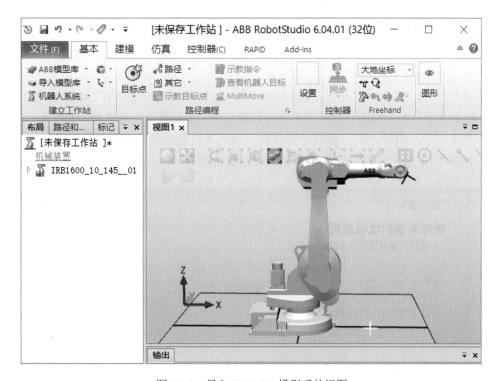

图 4.1.2　导入 IRB1600 模型后的视图

2. 从布局创建系统

单击"机器人系统"，选择"从布局…"，打开"从布局创建系统 - 系统名字和位置"对话框，将名称更改为"System － JGQG"，选择保存位置，如图 4.1.3 所示。

图 4.1.3　系统名字和位置设置对话框

单击"下一个"按钮，打开"从布局创建系统 - 选择系统的机械装置"对话框，如图 4.1.4 所示。单击"下一个"按钮，打开"从布局创建系统 - 系统选项"对话框，如图 4.1.5 所示。单击"完成"后，稍等片刻，等软件窗口右下角的"控制器状态"由显示红色转变为显示绿色，如图 4.1.6 所示，则机器人工作站系统创建成功。

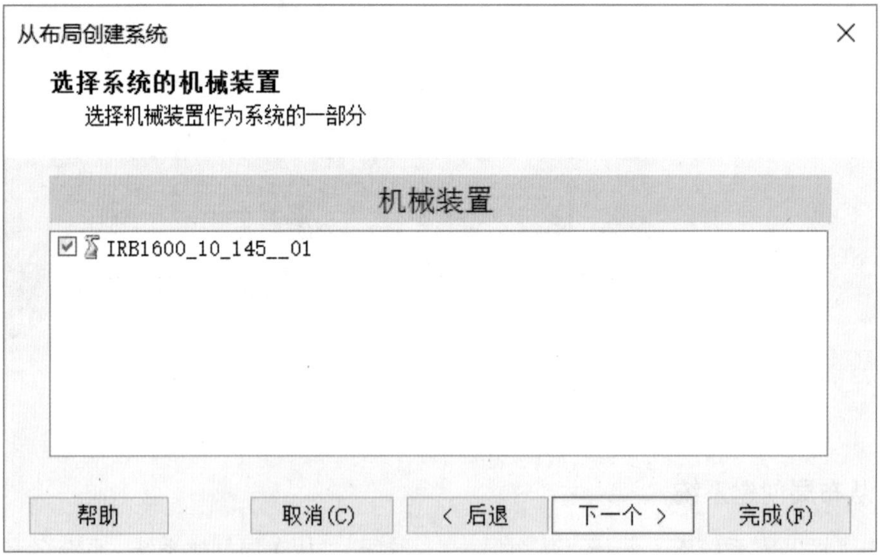

图 4.1.4　机械装置对话框

图 4.1.5　系统选项对话框

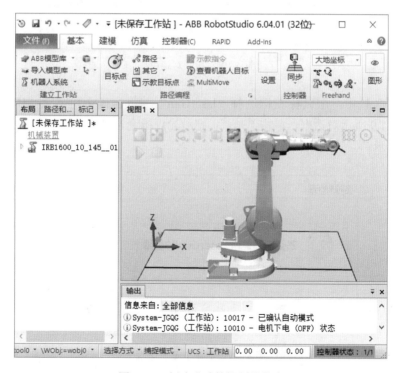

图 4.1.6　创建成功的控制器状态

3. 导入激光焊枪

单击"导入模型库",在弹出的菜单中选择"浏览库文件…",如图 4.1.7 所示。此时弹出"打开"对话框,选择库文件所在的文件夹,找到并选择激光焊枪模型"LaserGun.rslib",单击"打开"按钮,如图 4.1.8 所示,则激光焊枪导入视图 1 中。

图 4.1.7 导入模型下拉框

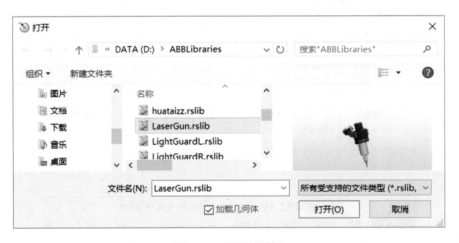

图 4.1.8 打开对话框

在"布局"栏中,用鼠标左键选择"laserGun"并将它拖至机器人"IRB1600"上,会弹出如图 4.1.9 所示对话框,单击"是",则激光焊枪会自动安装在机器人的法兰盘上,如图 4.1.10 所示。

图 4.1.9 更新位置对话框

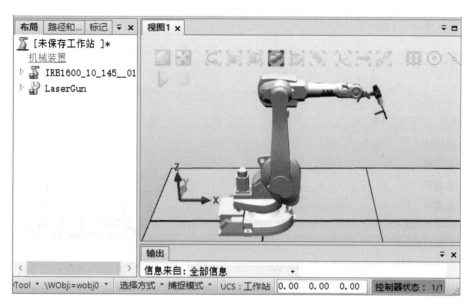

图 4.1.10　完成激光焊枪安装

4. 导入围栏装置

单击"导入模型库",在弹出的菜单中选择"浏览库文件…",在弹出"打开"对话框中,找到并选择围栏模型"Fences.rslib",单击"打开"按钮,如图 4.1.11 所示,则围栏装置导入视图 1 中。

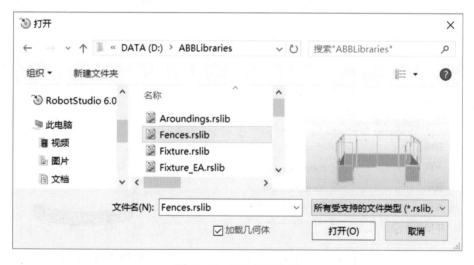

图 4.1.11　导入围栏装置

5. 导入固定装置模型

单击"导入模型库",在弹出的菜单中选择"浏览库文件…",在弹出"打开"对话框中,找到并选择固定装置"Fixture.rslib",单击"打开"按钮,如图 4.1.12 所示,则固定装置导入视图1中。

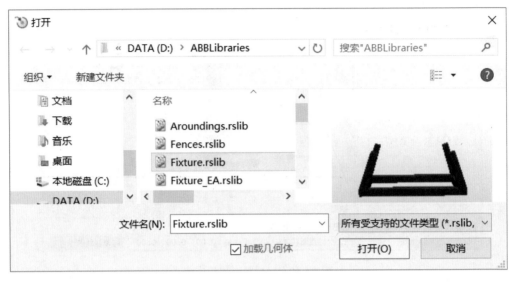

图 4.1.12　导入固定装置

6. 导入玻璃工件

　　单击"导入模型库"，在弹出的菜单中选择"浏览库文件…"，在弹出"打开"对话框中，找到并选择玻璃工件模型"Workpiece.rslib"，单击"打开"按钮，如图 4.1.13 所示，则玻璃工件模型导入视图1中。单击保存，保存路径为 D：\ABBDOC，文件名为"JGQJ"，则建立好的机器人激光切割工作站如图 4.1.14 所示。

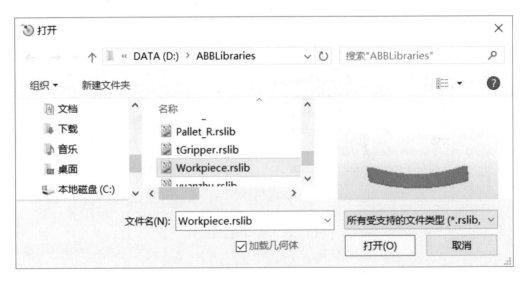

图 4.1.13　导入玻璃工件

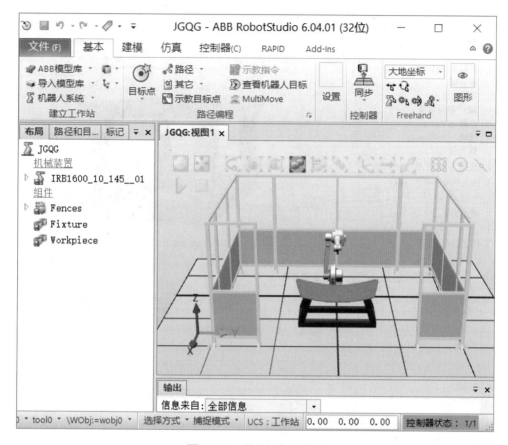

图 4.1.14　激光切割工作站

二、创建工件坐标

单击"基本"→"其他"→"创建工件坐标",打开"创建工件坐标"对话框,如 4.1.15 所示。在该图中,单击"用户坐标框架"下方的"取点创建坐标",打开"取点创建坐标"窗口,选择"三点",接着单击"选择表面"和"捕捉末端"工具,在"X 轴上的第一个点(mm)"下方左边第一格内单击鼠标左键,然后将鼠标移到工件的"A 点"处出现灰色小球时,单击鼠标左键,即取得 X 轴第一个点的坐标;再将鼠标移到"B 点"处时也会出现灰色小球,单击鼠标左键,取得 X 轴第二个点的坐标;再将鼠标移到"C 点"处出现灰色小球时,单击鼠标左键,取得 Y 轴上的点。此时,三个点的坐标已经取好,单击"Accept"按钮,关闭"取点创建坐标"窗口,接着单击"创建",再单击"关闭"按钮,关闭"创建工件坐标"对话框,则生成的工件坐标如图 4.1.16 所示。

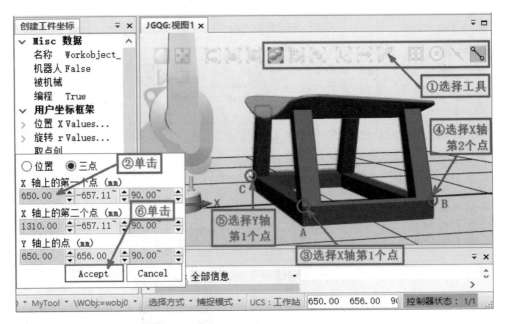

图 4.1.15　创建工件坐标

图 4.1.16　生成工件坐标

三、创建激光切割曲线

单击"建模"选项卡，单击"表面边界"，弹出"在表面周围创建边界"对话框。单击"选择表面"、"捕捉对象"工具，在"在表面周围创建边界"对话框中的"选择表面"下方的空白框内单击鼠标左键，再将鼠标移到玻璃表面，当灰色小球捕捉到玻璃表面的边沿时，单击左键，则玻璃表面的边沿变成白色轨迹，单击"创建"按钮，如图 4.1.17 所示。

生成激光切割曲线如图 4.1.18 所示。

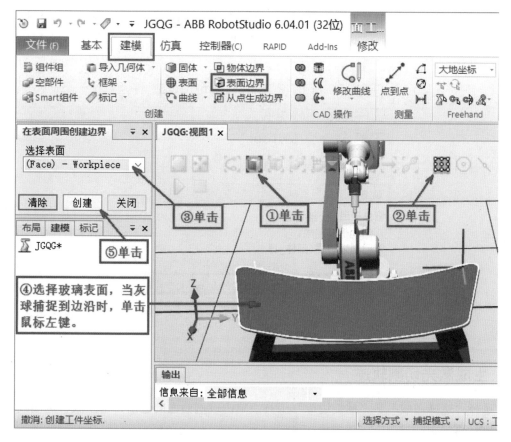

图 4.1.17 "在表面周围创建边界" 对话框

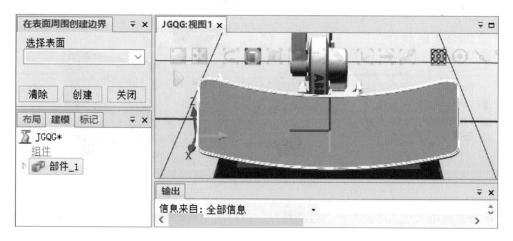

图 4.1.18 生成激光切割曲线

四、设置运动参数

在进行路径设置之前，要先设置运动参数。在设置方框中选择好任务、工件坐标、工具，在视图下边沿选择好运动参数，如图 4.1.19 所示。

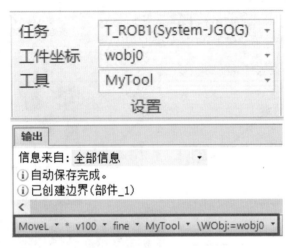

图 4.1.19　设置运动参数

五、生成激光切割轨迹

选择"选择曲线"、"捕捉边缘"工具，单击玻璃曲面的边沿，则生成轨迹曲线，如图 4.1.20 所示。

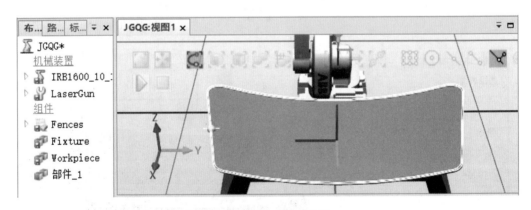

图 4.1.20　生成轨迹曲线

单击"基本"→"路径"→"自动路径"，弹出"自动路径"窗口，如图 4.1.21 所示。

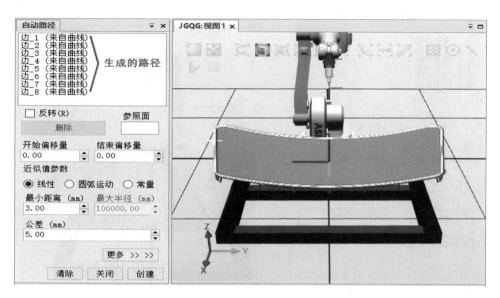

图 4.1.21 自动路径窗口

在图 4.1.21 中，选择"捕捉表面"工具，单击"参考面"下方空白框，将鼠标移动玻璃曲面上，当出现灰色小球捕捉到边沿时，单击左键，则参考面下方出现"Face-Workpiece"，如图 4.1.22 所示。

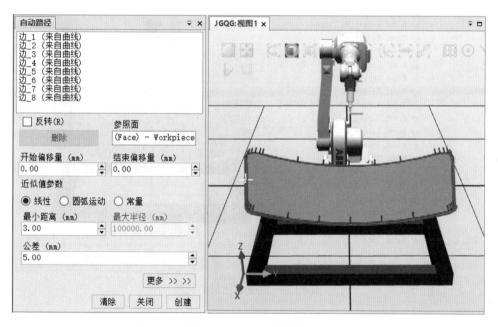

图 4.1.22 参考面的设置

在图 4.1.22 中，选择"圆弧运动"，则玻璃曲面的边沿出现了变化，如图 4.1.23 所示。然后将"最大半径"的值改为"1000"，单击"创建"，再关闭"自动路径"窗口。展开"Path_10"，由曲线生成的轨迹，如图 4.1.24 所示。

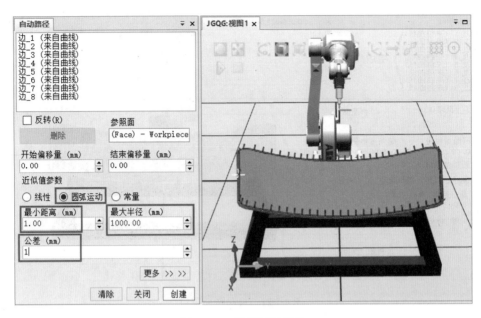

图 4.1.23　选择圆弧运动

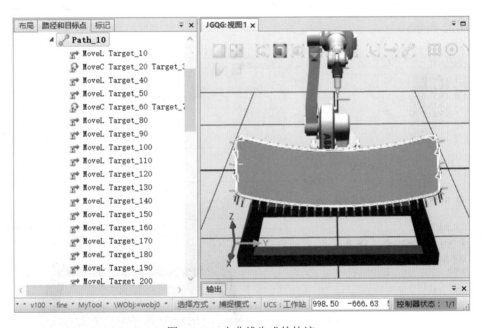

图 4.1.24　由曲线生成的轨迹

六、批量修改工具方向

生成的激光切割轨迹，是沿着玻璃表面边沿行走的曲线，在仿真切割过程中，工具法兰盘的方向并不一定符合实际的要求。在实际作业过程中，工具法兰盘在激光切割轨迹的任何位置，均应朝着机器人。因此，需要对工具方向进行修改。

打开左边窗口的"路径和目标点"选项卡，展开"工件坐标&目标点"→"Workobject_1"→"Workobject_1_of"，然后选择"Target_10"，如图4.1.25所示。

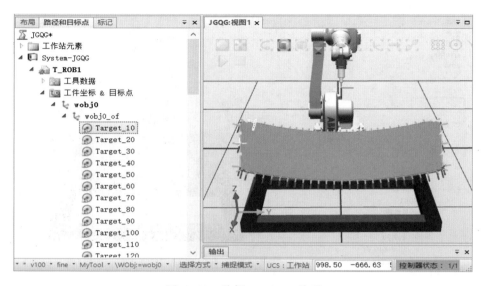

图 4.1.25　选择 Target_10 选项

右键单击"Target_10"，在弹出的菜单中单击"查看目标处工具"，在"LaserGun"前打"√"，就可以看见机器人的工具，而工具的法兰盘是指向左边，不是指向机器人，如图4.1.26所示。这在实际的机器人操作中是不允许的，因为机器人无法做到。这就需要我们对机器人工具的法兰盘的指向进行修改，以符合机器人的实际操作要求。

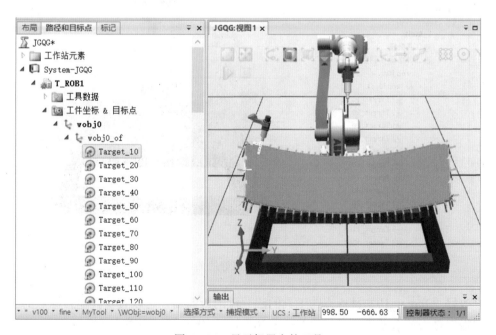

图 4.1.26　显示机器人的工具

右键单击"Target_10"，在弹出的菜单中选择"修改目标"→"旋转"，弹出"旋转：Target_10"选项卡，如图 4.1.27 所示。

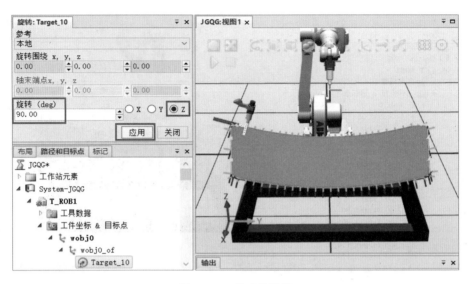

图 4.1.27　修改旋转值

在图 4.1.27 的"旋转：Target_10"对话框中，选择 Z 轴，在"旋转"下方输入 90，单击"应用"，则机器人工具的法兰盘就指向机器人了，然后关闭对话框，如图 4.1.28 所示。

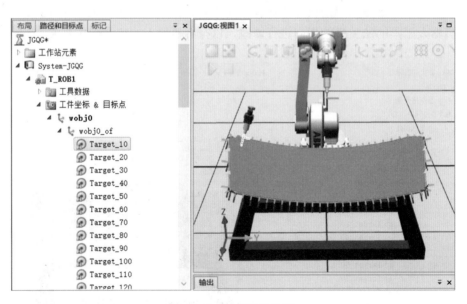

图 4.1.28　设置好的工具

修改好"Target_10"目标点的工具的法兰盘的指向后，可以查看其他目标点的工具法兰盘的指向是否符合要求。单击"Target_20"，按 Shift 键，再单击"Target_610"，即把除"Target_10"之外的目标点全部选中。此时，每个目标点都显示出工具，如图 4.1.29 所示。从图中可以看出，有几个目标点的工具的盘是指向外面，如图中用圆圈标注的工具，这是不符合要求的，需要对它们进行修改。

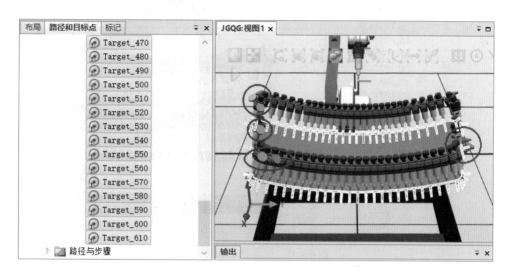

图 4.1.29　显示全部目标点的工具

选择"Target_20"至"Target_610"的所有目标点，单击右键，在弹出的菜单中选择"修改目标"→"对准目标点方向"，弹出"对准目标点"对话框，如图 4.1.30 所示。

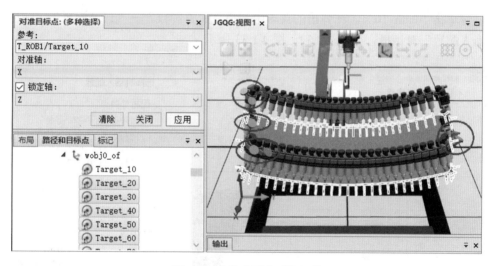

图 4.1.30　修改不合适的工具

在图 4.1.30 的"对准目标点"对话框中，在"参考"下面方框内选择"T_ROB1/Target_10"，表示"Target_20"至"Target_610"的所有目标点均参考"Target_10"的工具法兰盘的方向。然后单击"应用"，再关闭"对准目标点"选项卡，如图 4.1.31 所示。从图中可以看到这些目标点的工具的法兰盘均指向机器人的方向，说明工具方向批量修改成功。

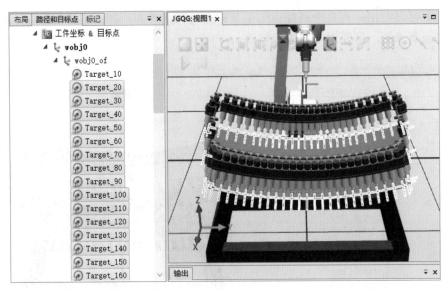

图 4.1.31　工具批量修改完成

七、轴配置与仿真运行

1. 轴配置参数

右键单击"Path_10"，在弹出的菜单中选择"配置参数"→"自动配置"，弹出"选择机器人配置"对话框，如图 4.1.32、图 4.1.33 所示。

图 4.1.32　配置参数

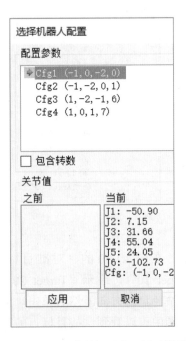

图 4.1.33　选择机器人配置对话框

在"选择机器人配置"对话框中，选择"Cfgl(-1,0,-2,0)"项，单击"应用"，则机器人自动沿着原来生成的运动轨迹行走一遍，同时"Path_10"下方的路径图标中的黄色警告三角形感叹号图标消失，这说明所生成的路径是符号要求的，机器人完全能够按照此路径运行。如图4.1.34所示。

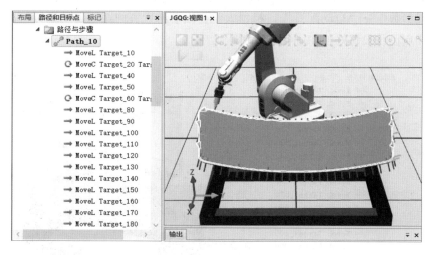

图4.1.34　机器人沿路径运行

2. 设置机器人一个进入点

在"基本"选项卡中，单击"手动线性"，将鼠标移动机器人的工具上单击左键，然后将工具移到一个合适的位置，再单击"示教指令"，就会在"Move Target_610"指令下方出现一条新的指令"Move Target_620"。将"Move Target_620"指令移至"Move Target_10"指令的下方，再将"Move Target_10"指令移至"Move Target_620"指令的下方。然后右键单击"Path_10"，在弹出的菜单中选择"配置参数"→"自动配置"，机器人就会沿着所设置的路径轨迹自动地运行一次。此时，机器人进入点已经设置好，如图4.1.35所示。

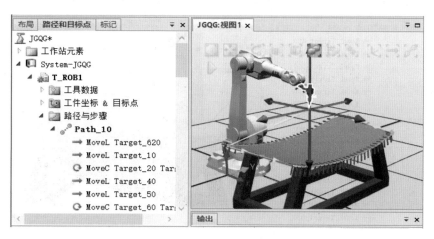

图4.1.35　机器人进入点的设置

3. 设置机器人一个离开点

在"基本"选项卡中，单击"手动线性"，将鼠标移动机器人的工具上单击左键，然后将工具移到一个合适的位置，再单击"示教指令"，就会在"Move Target_610"指令下方出现一条新的指令"Move Target_630"。然后右键单击"Path_10"，在弹出的菜单中选择"配置参数"→"自动配置"，机器人就会沿着所设置的路径自动运行一次。此时，机器人离开点已经设置好，如图 4.1.36 所示。

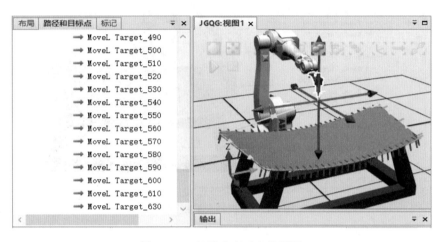

图 4.1.36　机器人离开点的设置

4. 同步到 RAPID

在"基本"选项卡中，单击"同步"→"同步到 RAPID…"，如图 4.1.37 所示。

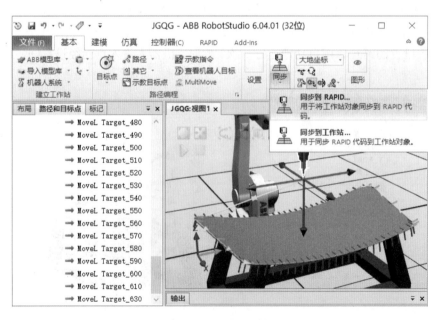

图 4.1.37　同步对话框

单击"同步到 RAPID…",弹出"同步到 RAPID"对话框,在"同步"项的下方,全部打"√",然后单击"确定",如图 4.1.38 所示。稍等片刻,就完成了 RAPID 同步。

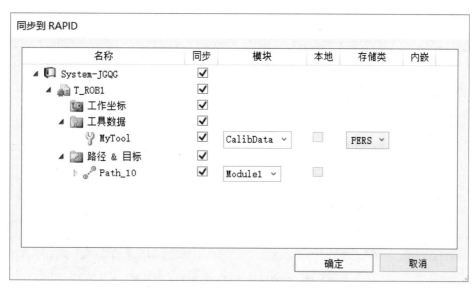

图 4.1.38　同步到 RAPID 对话框

5. 仿真设置

单击"仿真"选项卡,单击"仿真设定",打开"仿真设定"窗口,如图 4.1.39 所示。按照图 4.1.40、图 4.1.41 进行设置,然后单击"关闭",则完成仿真设置。

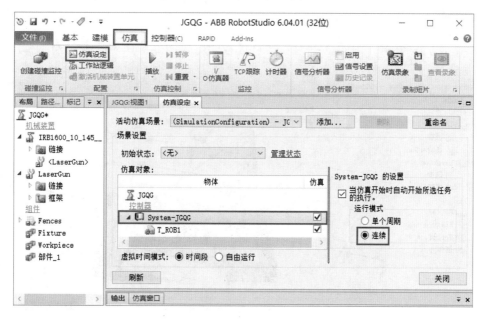

图 4.1.39　仿真设定窗口—System-JGQG 的设置

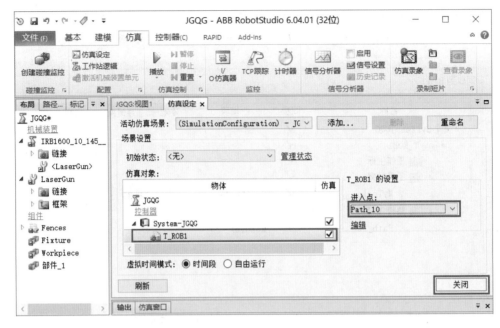

图 4.1.40　仿真设定窗口—T_ROB1 的设置

6. 仿真运行

在仿真设定好之后，单击"播放"→"播放"，启动仿真，即可观察仿真运行效果。也可单击"播放"→"录制视图"，对工作站视图开始仿真并录像下来。

图 4.1.41　播放弹框

八、技能实训

为了更加深刻理解本次任务中的知识点，掌握本次任务的操作技能，设置了具有典型学习意义的实训，即机器人激光切割工作站的创建与仿真。

实训一：机器人激光切割工作站的创建与仿真

【实训目的】学会利用 RobotStudio6.0 软件的"建模"菜单中的"固体"工具，创建一个滑台装置模型；学会利用"控制器"菜单中的"配置编辑器"创建 I/O 信号；学会利用"仿真"菜单中的"事件管理器"配置 I/O 信号；学会路径编程与仿真，使滑台装置上的小方块沿着长方块按所编辑的逻辑指令运动。

【实训准备】装有 RobotStudio6.0 软件的计算机。

【操作步骤】

1）创建激光切割工作站；

2）创建工件坐标；

3）创建激光切割曲线；

4）设置运动参数；

5）生成激光切割轨迹；

6）批量修改工具方向；

7）轴配置参数；

8）设置机器人进入点；

9）设置机器人离开点；

10）同步到 RAPID；

11）仿真设置；

12）仿真运行；

13）共享打包；

14）填写实训报告。

【实训报告】详细记录实训的过程和实训的结果。

任务 2　简单输送链创建与仿真

知识目标

1）了解事件管理器的基本知识；
2）理解输送链 I/O 信号的创建方法；
3）理解输送链 I/O 信号的配置方法；
4）理解输送路径的编程思路；
5）理解搬运路径的编程思路。

技能目标

1）学会创建输送链模型；
2）学会创建输送链 IO 信号；
3）学会配置输送链 IO 信号；
4）学会输送与搬运路径编程；
5）学会仿真设定与仿真运行。

RotbotStudio 6.04 软件中的事件管理器，简单易学，适合于制作简单的动画仿真。

在本次任务中，通过制作了一个简单的输送链模型及搬运动作，介绍运用事件管理器制作输送链运行的方法，同时也介绍搬运动作的编程方法，让读者理解事件管理器的具体应用。

一、创建输送链与仿真

1. 创建机器人工作站

双击桌面上的 RobotStudio 6.04 图标，然后单击"新建"→"空工作站"→"创建"，建立一个空工作站。在"基本"选项卡中，单击"ABB 模型库"，单击"IRB1200 机器人"，弹出 IRB1200 对话框，在容量下方选择 7kg，如图 4.2.1 所示。然后单击"确定"，则 IRB1200 机器人导入到视图 1 中。

单击"机器人系统"，选择"从布局…"，打开"从布局创建系统 - 系统名字和位置"对话框，如图 4.2.2 所示。将名称更改为"System-JDSSL"，选择保存位置，单击"下一个"按钮，打开"从布局创建系统 - 选择系统的机械装置"对话框，如图 4.2.3 所示。单击"下一个"按钮，打开"从布局创建系统 - 系统选项"对话框，如图 4.2.4 所示。单击"完成"后，稍等片刻，等软件窗口右下角的"控制器状态"由显示红色转变为显示绿色，则机器人工作站系统创建成功。

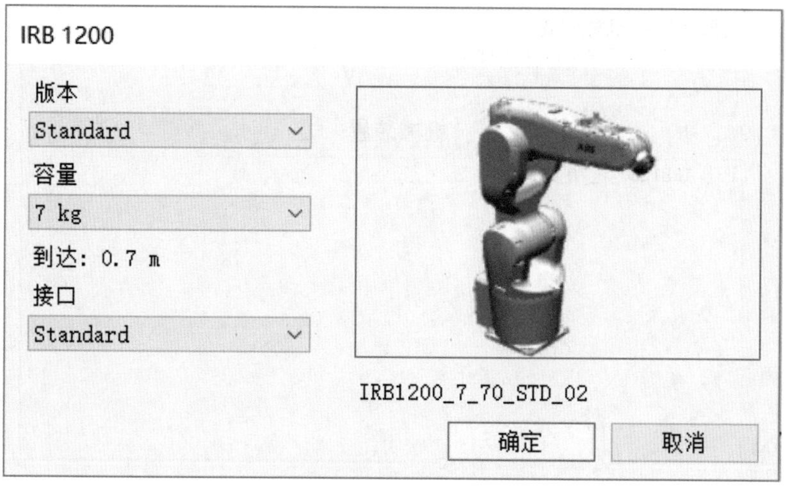

图 4.2.1　IBR1200 对话框

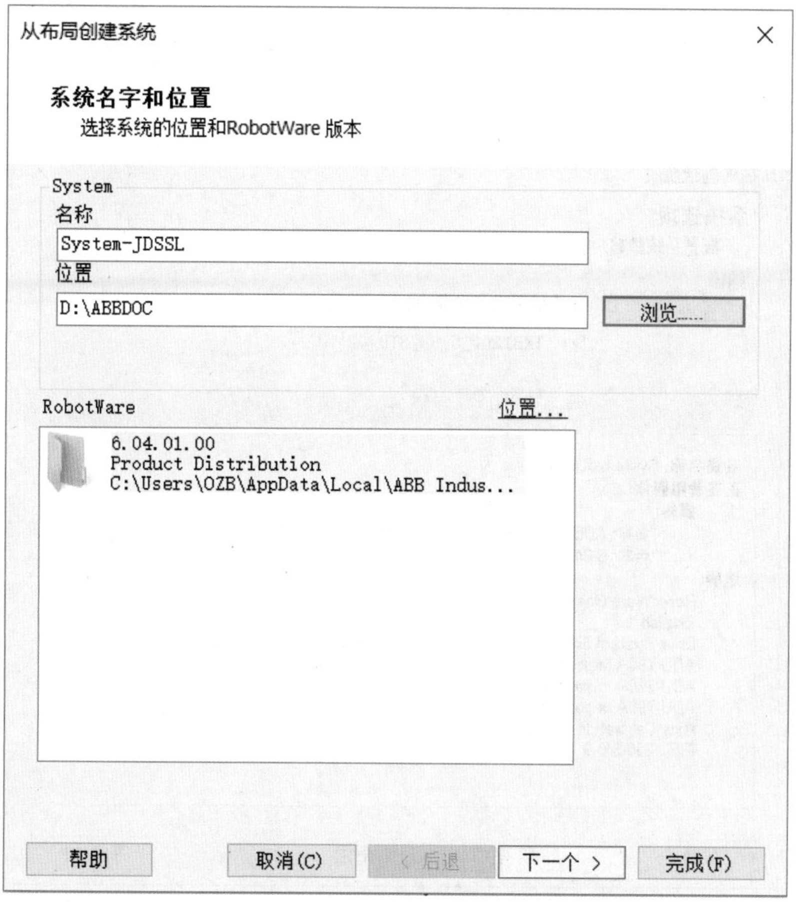

图 4.2.2　系统名字和位置对话框

图 4.2.3 选择系统的机械装置对话框

图 4.2.4 系统选项对话框

然后单击"保存"按钮，并将工作站文件命名为 JDSSL，保存路径为 D:\ABBDOC。保存后的工作站如图 4.2.5 所示。

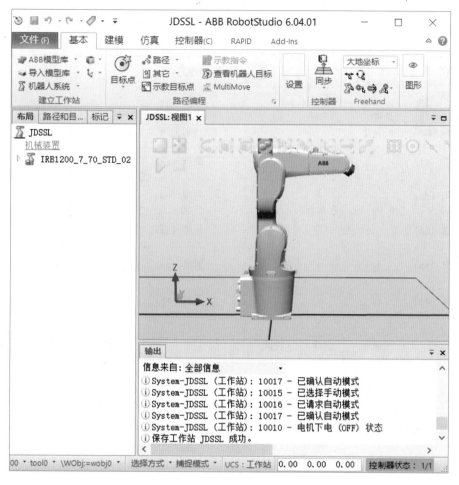

图 4.2.5　名称为 DJSSL 的工作站

2. 创建输送链模型

单击"建模"→"固体"→"矩形体"，打开"创建方体"对话框，如图 4.2.6 所示。长度输入 2000，宽度输入 300，高度输入 100，在"角点"项目中，X 轴输入 300，Y 轴输入－150，然后单击"创建"，则创建一个长为 2000mm，宽为 300mm，高为 100mm 的长方体，即部件 _1。它偏离 X 轴正方向 300mm，偏离 Y 轴负方向 150mm。

继续创建方体，如图 4.2.7 所示，长度输入 200，宽度输入 200，高度输入 100，在"角点"项目中，X 轴输入 300，Y 轴输入－100，Z 轴输入 100，然后单击"创建"，则创建一个长为 200mm，宽为 200mm，高为 100mm 的长方体，即部件 _2。它偏离 X 轴正方向 300mm，偏离 Y 轴负方向 100mm，Z 轴正方向 100mm。创建好两个方体的视图如图 4.2.8 所示。

在图 4.2.8 中，右键单击"部件_1"，在弹出的菜单中选择"修改（M）"→"设定颜色"，打开"颜色"对话框，选择天蓝色，单击"确定"，如图 4.2.9 所示。右键单击"部件_2"，在弹出的菜单中选择"修改（M）"→"设定颜色"，打开"颜色"对话框，选择粉红色，单击"确定"，如图 4.2.10 所示。部件_1 与部件_2 的颜色如图 4.2.11 所示。

图 4.2.6　创建方体对话框

图 4.2.7　创建方体对话框

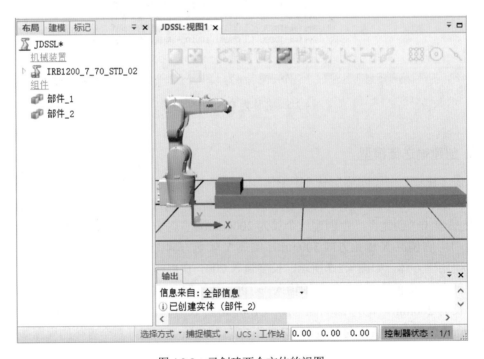

图 4.2.8　已创建两个方体的视图

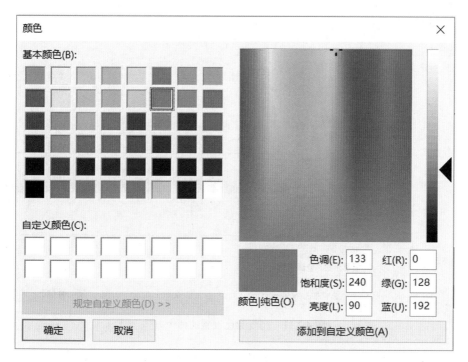

图 4.2.9　选择天蓝色

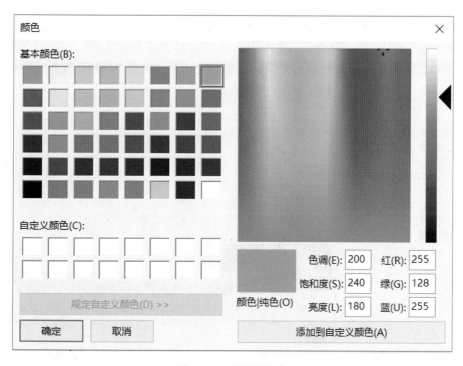

图 4.2.10　选择粉红色

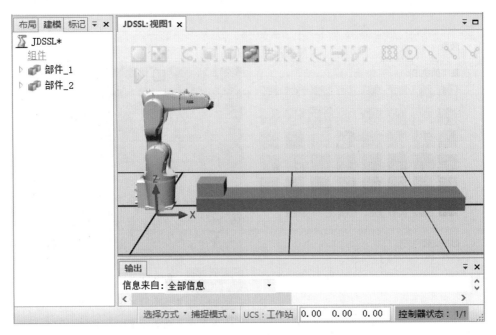

图 4.2.11　完成颜色设置的两个方体

在"基本"选项卡中,单击"导入模型库"→"设备"→"Euro Pallet",导入托盘。此时的托盘部分与长方块重叠,需要对托盘的位置进行更改。右键单击"Euro Pallet",在弹出的菜单中选择"位置"→"设定位置",打开"设定位置:Euro Pallet"对话框,在位置 X 轴输入 -550,Y 轴输入 200,单击"应用",则托盘移到机器人左边的指定位置。

右键单击"部件_2",在弹出的菜单中选择"位置"→"设定位置",打开"设定位置:部件_2"对话框。在位置 X 轴输入 1800,其他轴均不变,单击"应用"按钮,再单击"关闭",则部件_2 移至部件_1 的末端,如图 4.2.12 所示。

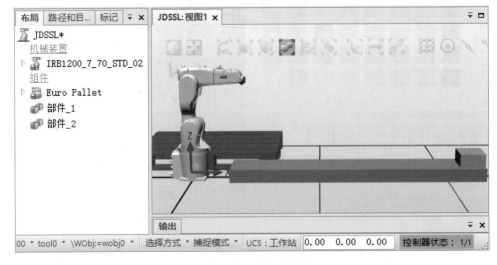

图 4.2.12　完成位置的设定

110

3. 创建 I/O 信号

单击"控制器"→"配置编辑器"→"I/O System",打开"配置－I/O System"窗口,如图4.2.13所示。右键单击"Signal",再单击"新建Signal",打开"实例编辑器"对话框,如图4.2.14所示。在"name"项输入"domove0",在"Type of Signal"项选择"Digital Output",单击"确定",会弹出一个"警告"对话框,单击"确定"即可创建一个名为"domove0"的I/O信号。

图4.2.13　配置－I/O System 窗口

图4.2.14　创建"domove0"I/O信号

打开"实例编辑器"对话框,在"name"项输入"domove1",在"Type of Signal"项选择"Digital Output",单击"确定",如图4.2.15所示。则创建了一个名为"domove1"的I/O信号。

111

图 4.2.15　创建 "domove1" I/O 信号

打开 "实例编辑器" 对话框，在 "name" 项输入 "domove2"，在 "Type of Signal" 项选择 "Digital Output"，单击 "确定"，如图 4.2.16 所示。则创建了一个名为 "domove2" 的 I/O 信号。

打开 "实例编辑器" 对话框，在 "name" 项输入 "domove3"，在 "Type of Signal" 项选择 "Digital Output"，单击 "确定"，如图 4.2.17 所示。则创建了一个名为 "domove3" 的 I/O 信号。

图 4.2.16　创建 "domove2" I/O 信号 　　　　图 4.2.17　创建 "domove3" I/O 信号

112

创建的 4 个 I/O 信号，如图 4.2.18 所示。需要重启控制器才能使之生效。在控制器选项卡中，单击"重启""重启动（热启动）（R）"，则控制器热启动，稍等片刻，控制器重启成功。

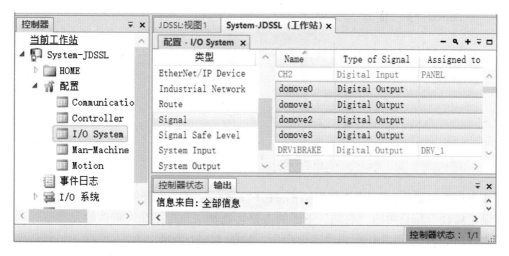

图 4.2.18　4 个 I/O 信号 domove0 ～ domove03

4. 配置 I/O 信号

打开"仿真"选项卡，单击"配置"右边的小三角，打开"事件管理器"窗口，如图 4.2.19、4.2.20 所示。

图 4.2.19　打开事件管理器的操作

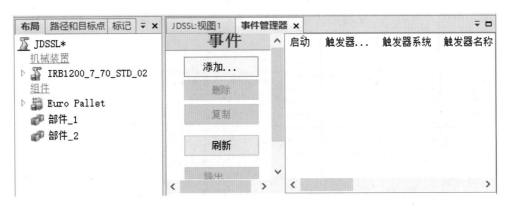

图 4.2.20　事件管理器窗口

在事件管理器中，单击"添加"按钮，打开"创建新事件 - 选择触发类型和启动"对话框。在"设定启动"项目中的"启动"下面的方框，选择"开"；在"事件触发类型"项目中选择"I/O 信号已更改"，单击"下一个"，如图 4.2.21 所示。

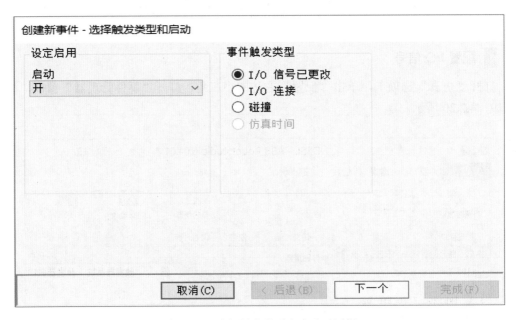

图 4.2.21　选择触发类型和启动对话框

在弹出的"创建新事件 -I/O 信号触发器"对话框中，在"信号名称"项目中选择"domove0"，在"触发器条件"项目中选择"信号是 true（'1'）"，单击"下一个"，如图 4.2.22 所示。

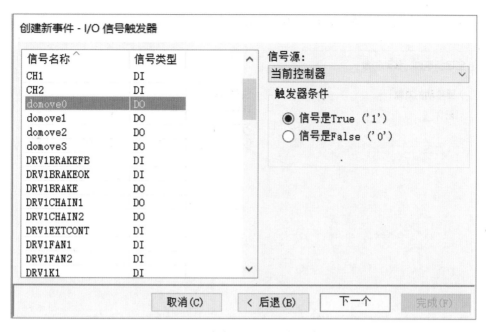

图 4.2.22   I/O 信号触发器对话框

在图 4.2.22 中，单击"下一个"，弹出"创建新事件 - 选择操作类型"对话框，在"设定动作类型"项目中选择"移动对象"，单击"下一个"，如图 4.2.23 所示。

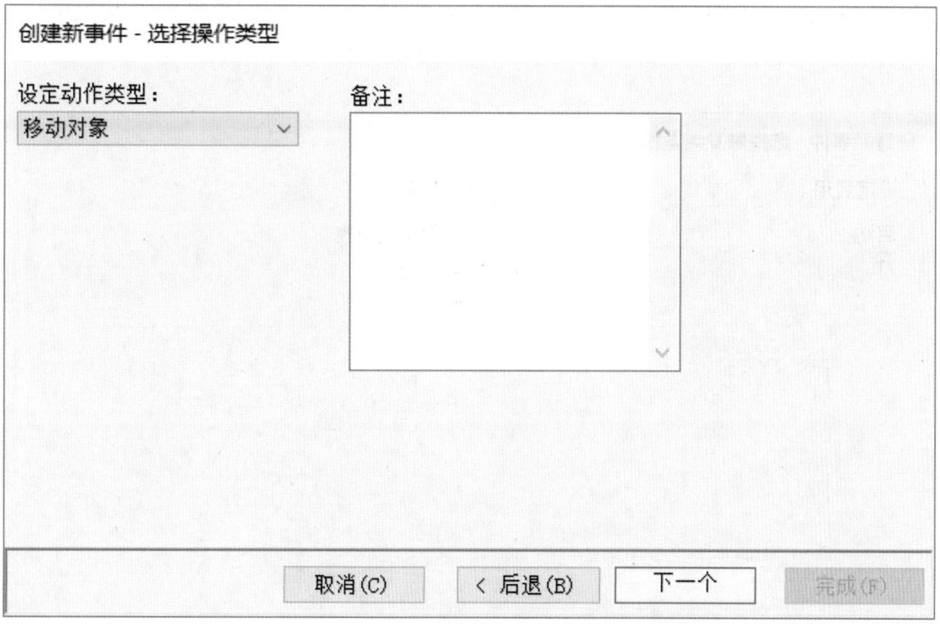

图 4.2.23   选择操作类型对话框

在新弹出的"创建新事件 - 移动对象"对话框中，在"要移动的对象"项目中选择"部件 _2"，在"位置"项目中的 X、Y、Z 轴，分别输入 1800、0、0，如图 4.2.24 所示。单击"完成"，则创建了名为"domove0"的触发事件。

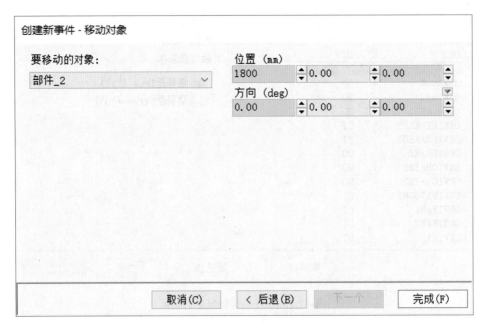

图 4.2.24　选择移动对象对话框

在事件管理器中，单击"添加"，打开"创建新事件 - 选择触发类型和启动"对话框。在"设定启动"项目中的"启动"下面的方框，选择"开"；在"事件触发类型"项目中选择"I/O 信号已更改"，单击"下一个"，如图 4.2.25 所示。

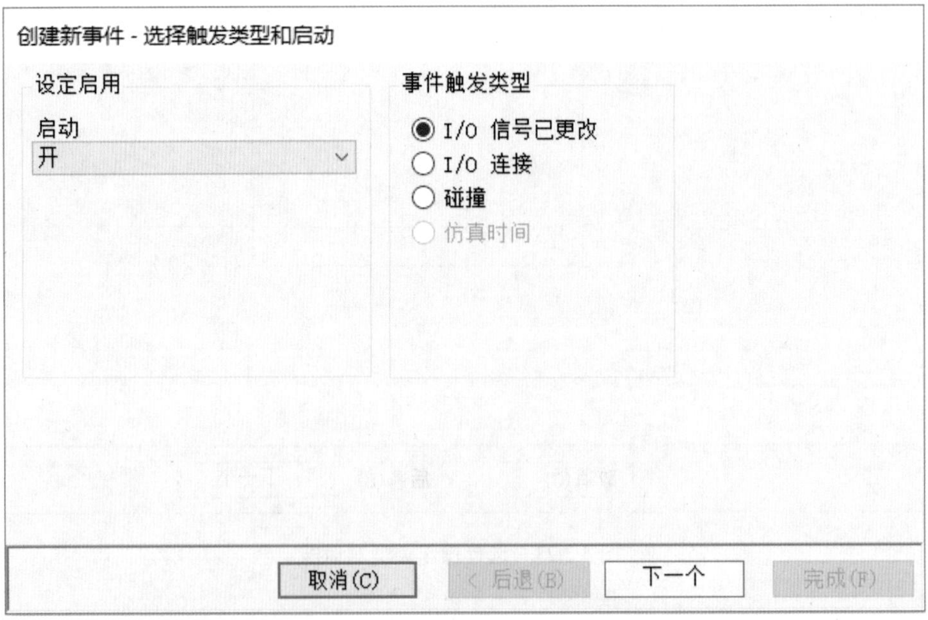

图 4.2.25　选择触发类型和启动对话框

在新弹出的"创建新事件 -I/O 信号触发器"对话框中，在"信号名称"项目中选择"domove1"，在"触发条器件"项目中选择"信号是 true('1')"，单击"下一个"，如图 4.2.26 所示。

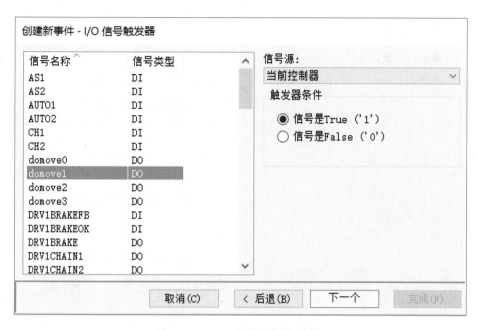

图 4.2.26　I/O 信号触发器对话框

在新弹出的"创建新事件 - 选择操作类型"对话框中，在"设定动作类型"项中选择"移动对象"，单击"下一个"，如图 4.2.27 所示。

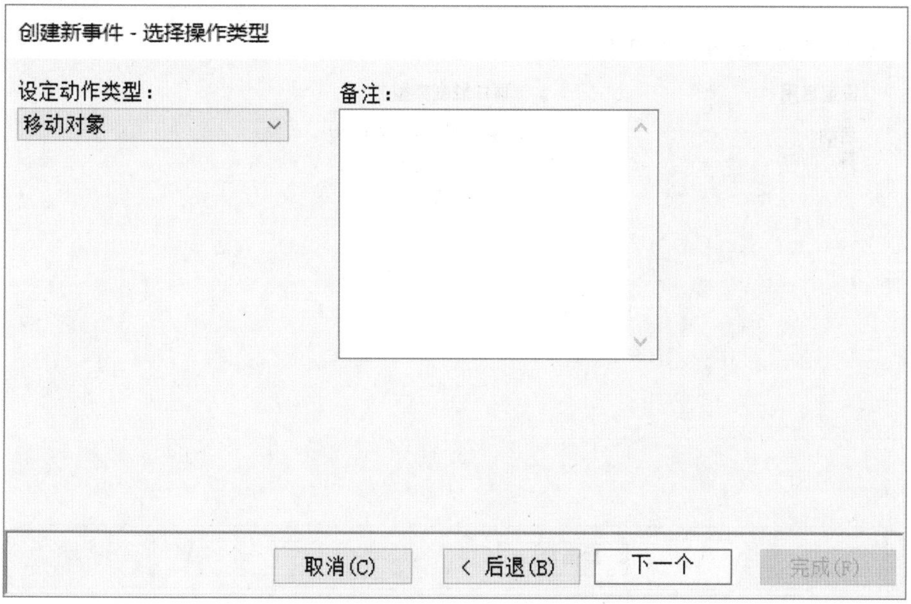

图 4.2.27　选择操作类型对话框

在新弹出的"创建新事件 - 移动对象"对话框，在"要移动的对象"项中选择"部件_2"，在"位置"项中的 X、Y、Z 轴，分别输入 1200、0、0，如图 4.2.28 所示。然后单击"完成"，则创建了名为"domove1"的触发事件。

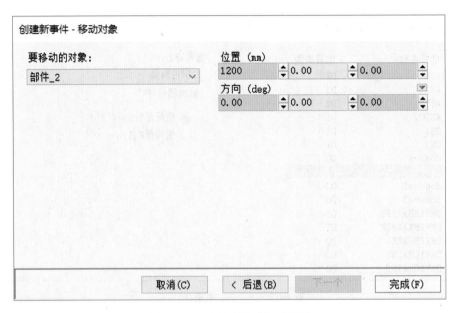

图 4.2.28　选择移动对象对话框

在事件管理器中，单击"添加"，打开"创建新事件 - 选择触发类型和启动"对话框，在"设定启动"项目中的"启动"下面的方框，选择"开"；在"事件触发类型"项目中选择"I/O 信号已更改"，单击"下一个"，如图 4.2.29 所示。

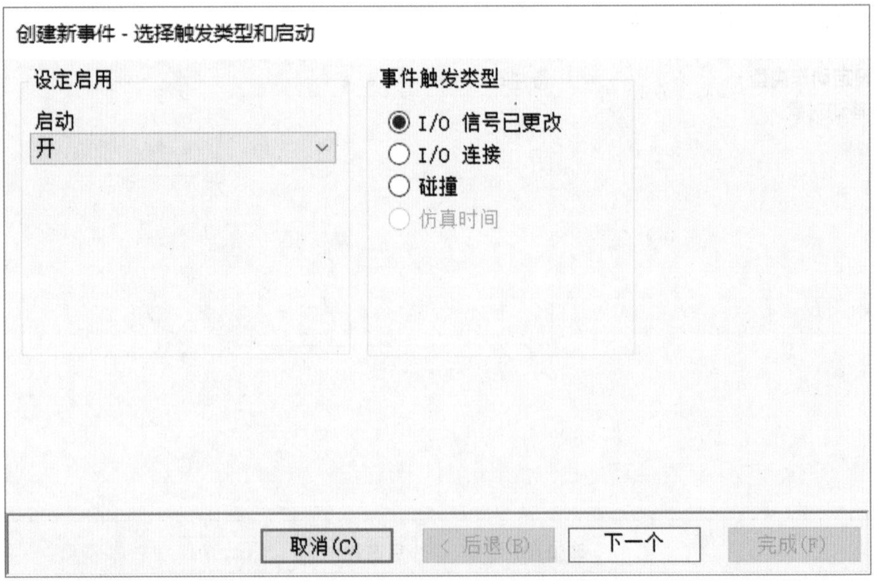

图 4.2.29　选择触发类型和启动对话框

在新弹出的"创建新事件 -I/O 信号触发器"对话框中，在"信号名称"项目中选择"domove2"，在"触发条器件"项目中选择"信号是 true('1')"，单击"下一个"，如图 4.2.30 所示。

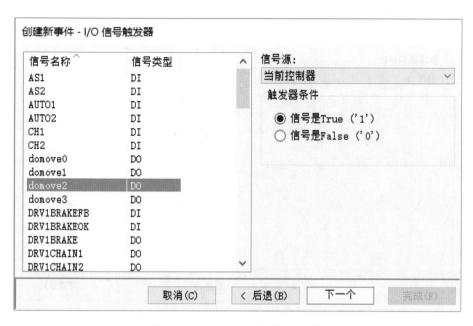

图 4.2.30　I/O 信号触发器对话框

在图 4.2.30 中，单击"下一个"，弹出"创建新事件 - 选择操作类型"对话框，在"设定动作类型"项中选择"移动对象"，单击"下一个"，如图 4.2.31 所示。

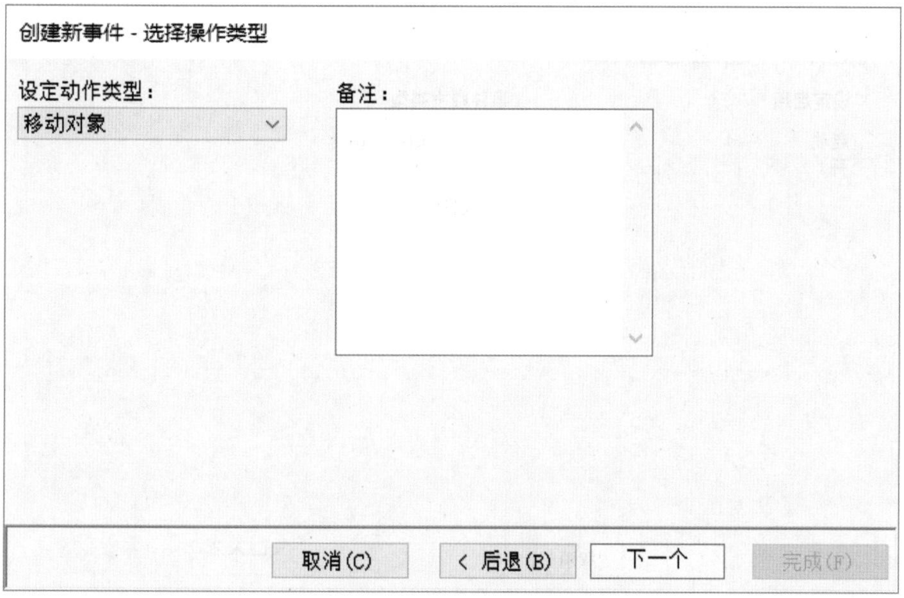

图 4.2.31　选择操作类型对话框

119

在新弹出的"创建新事件 - 移动对象"对话框中，在"要移动的对象"项中选择"部件_2"，在"位置"项中的 X、Y、Z 轴分别输入 600、0、0，如图 4.2.32 所示。然后单击"完成"，则创建了名为"domove2"的触发事件。

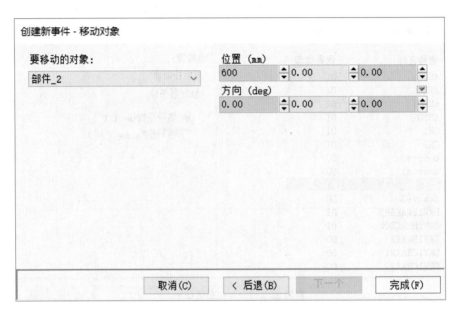

图 4.2.32　选择移动对象对话框

在事件管理器中，单击"添加"，打开"创建新事件 - 选择触发类型和启动"对话框，在"设定启动"项目中的"启动"下面的方框，选择"开"；在"事件触发类型"项目中选择"I/O 信号已更改"，单击"下一个"，如图 4.2.33 所示。

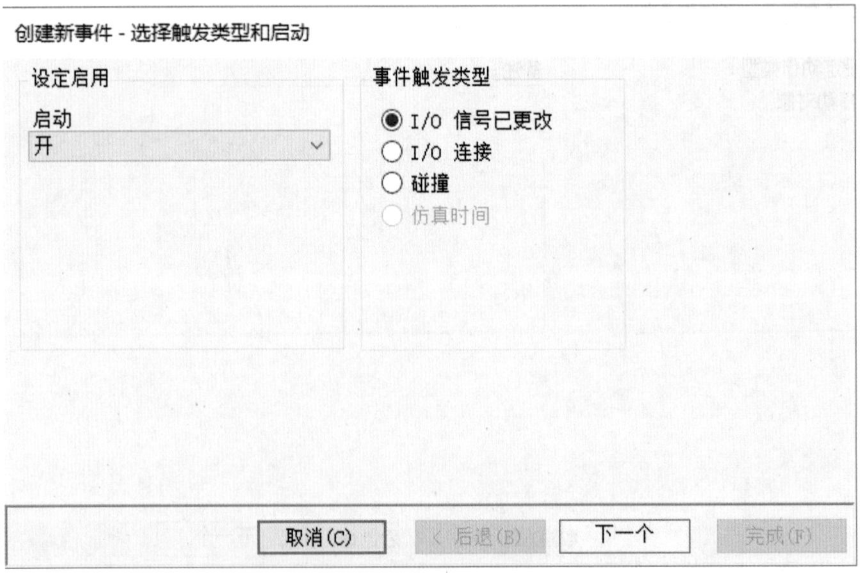

图 4.2.33　选择触发类型和启动对话框

在新弹出的"创建新事件 -I/O 信号触发器"对话框中，在"信号名称"项目中选择"domove3"，在"触发条器件"项目中选择"信号是 true('1')"，单击"下一个"，如图 4.2.34 所示。

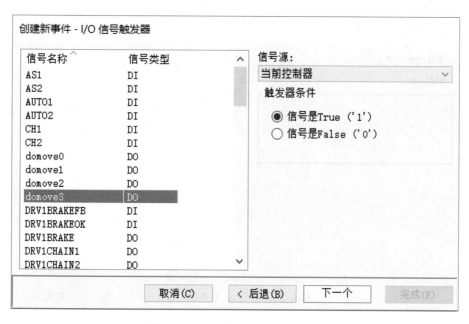

图 4.2.34　I/O 信号触发器对话框

在图 4.2.34 中，单击"下一个"，弹出"创建新事件 - 选择操作类型"对话框，在"设定动作类型"项目中选择"移动对象"，单击"下一个"，如图 4.2.35 所示。

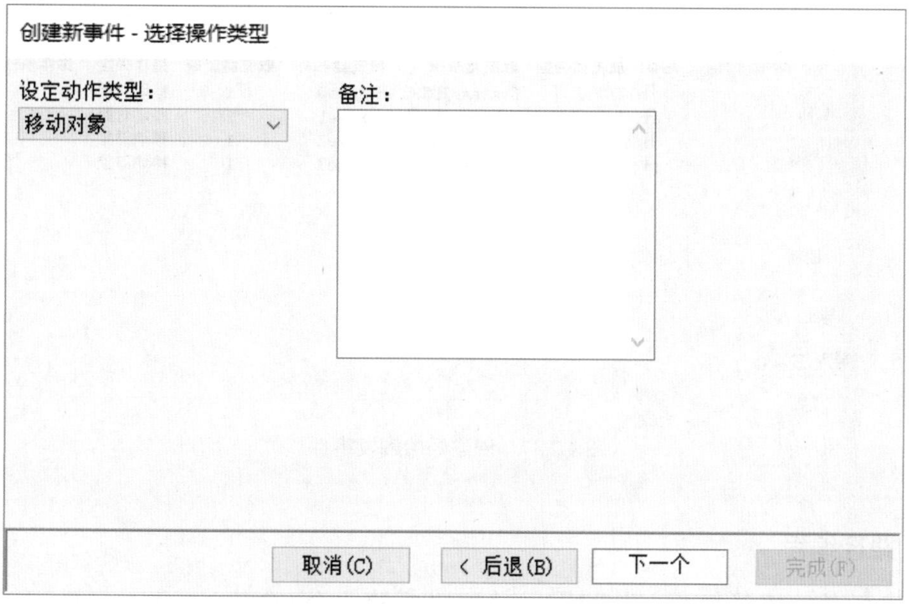

图 4.2.35　选择操作类型对话框

在新弹出的"创建新事件 - 移动对象"对话框中，在"要移动的对象"项目中选择"部件_2"，在"位置"项目中的 X、Y、Z 轴，分别输入 0、0、0，如图 4.2.36 所示。然后单击"完成"，则创建了名为"domove3"的触发事件。

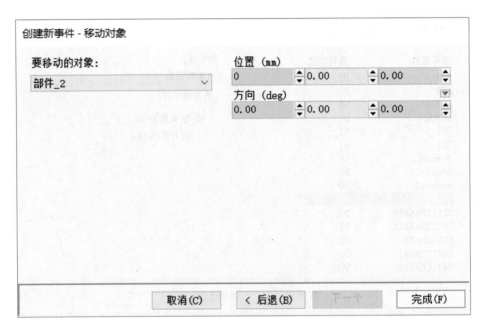

图 4.2.36　选择移动对象对话框

创建好的"domove0"、"domove1""domove2""domove3"的触发事件，如图 4.2.37所示。

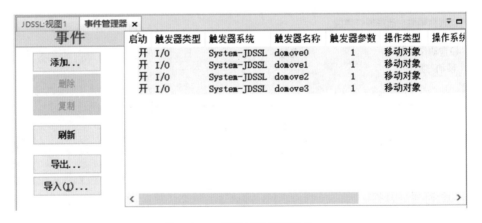

图 4.2.37　创建好的触发事件

5. 路径编程

本次任务的路径编程，是利用已经配置好的四个 I/O 信号：domove0、domov1、domove2、domove3 来进行，通过在空路径中插入逻辑指令：Set Default、WaitTime

Default、Reset Default，依次形成路径。如 domove0 的路径：Set domove0、WaitTime 1、Reset domove0，其含义是 domove0 动作的启动、等待、结束。路径编程的具体操作如下：

在"基本"选项卡中，单击"路径"→"空路径"，创建一条空路径 Path_10。右键单击空路径 Path_10，在弹出的菜单中选择"插入逻辑指令"，打开"创建逻辑指令"对话框。在"指令模板"下面的方框中选择"Set Default"，在"指令参数"的"杂项"下面的"Signal"右边选择"domove0"，单击"创建"按钮，则创建了一条"Set domove0"指令，如图 4.2.38 所示。同时弹出一个新的"创建逻辑指令"对话框，如图 4.2.39 所示。

在图 4.2.39 中，在"指令模板"下面的方框中选择"WaitTime Default"，在"指令参数"的"杂项"下面的"Time"右边输入"1"，单击"创建"按钮，则创建了一条"WaitTime 1"指令。同时弹出一个新的"创建逻辑指令"对话框，如图 4.2.40 所示。

图 4.2.38　创建 Set domove0 指令　图 4.2.39　创建 WaitTime 1 指令　图 4.2.40　创建 Reset domove0 指令

在图 4.2.40 中，在"指令模板"下面的方框中选择"Reset Default"，在"指令参数"的"杂项"下面的"Signal"右边选择"domove0"，单击"创建"按钮，则创建了一条"Reset domove0"指令。同时弹出一个新的"创建逻辑指令"对话框，如图 4.2.41 所示。

在图 4.2.41 中，在"指令模板"下面的方框中选择"Set Default"，在"指令参数"的"杂项"下面的"Signal"右边选择"domove1"，单击"创建"按钮，则创建了一条"Set domove1"指令。同时弹出一个新的"创建逻辑指令"对话框，如图 4.2.42 所示。

在图 4.2.42 中，在"指令模板"下面的方框中选择"WaitTime Default"，在"指令参数"的"杂项"下面的"Time"右边输入"1"，单击"创建"按钮，则创建了一条"WaitTime 1"指令。同时弹出一个新的"创建逻辑指令"对话框，如图 4.2.43 所示。

在图 4.2.43 中，在"指令模板"下面的方框中选择"Reset Default"，在"指令参数"的"杂项"下面的"Signal"右边选择"domove1"，单击"创建"按钮，则创建了一条"Reset domove1"指令。同时弹出一个新的"创建逻辑指令"对话框，如图 4.2.44 所示。

图 4.2.41　创建 Set domove1 指令　图 4.2.42　创建 WaitTime1 指令　图 4.2.43　创建 Reset domove1 指令

　　在图 4.2.44 中，在"指令模板"下面的方框中选择"Set Default"，在"指令参数"的"杂项"下面的"Signal"右边选择"domove2"，单击"创建"按钮，则创建了一条"Set domove2"指令。同时弹出一个新的"创建逻辑指令"对话框，如图 4.2.45 所示。

　　在图 4.2.45 中，在"指令模板"下面的方框中选择"WaitTime Default"，在"指令参数"的"杂项"下面的"Time"右边输入"1"，单击"创建"按钮，则创建了一条"WaitTime 1"指令。同时弹出一个新的"创建逻辑指令"对话框，如图 4.2.46 所示。

图 4.2.44　创建 Set domove2 指令　图 4.2.45　创建 WaitTime 1 指令　图 4.2.46　创建 Reset domove2 指令

124

在图 4.2.46 中，在"指令模板"下面的方框中选择"Reset Default"，在"指令参数"的"杂项"下面的"Signal"右边选择"domove2"，单击"创建"按钮，则创建了一条"Reset domove2"指令。同时弹出一个新的"创建逻辑指令"对话框，如图 4.2.47 所示。

在图 4.2.47 中，在"指令模板"下面的方框中选择"Set Default"，在"指令参数"的"杂项"下面的"Signal"右边选择"domove3"，单击"创建"按钮，则创建了一条"Set domove3"指令所示。同时弹出一个新的"创建逻辑指令"对话框，如图 4.2.48 所示。

在图 4.2.48 中，在"指令模板"下面的方框中选择"WaitTime Default"，在"指令参数"的"杂项"下面的"Time"右边输入"1"，单击"创建"按钮，则创建了一条"WaitTime 1"指令。同时弹出一个新的"创建逻辑指令"对话框，如图 4.2.49 所示。

图 4.2.47　创建 Set domove2 指令　图 4.2.48　创建 WaitTime 1 指令　图 4.2.49　创建 Reset domove2 指令

在图 4.2.49 中，在"指令模板"下面的方框中选择"Reset Default"，在"指令参数"的"杂项"下面的"Signal"右边选择"domove3"，单击"创建"按钮，则创建了一条"Reset domove3"指令。同时弹出一个新的"创建逻辑指令"对话框，单击"关闭"按钮。则创建好的逻辑指令，如图 4.2.50 所示。

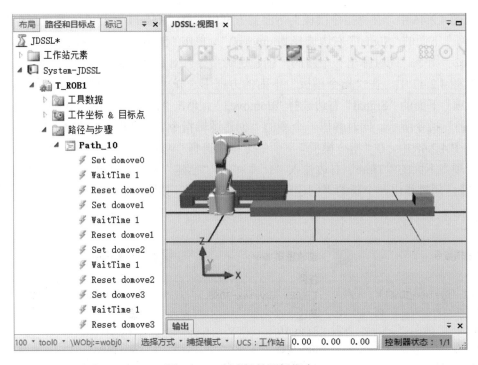

图 4.2.50　创建好的逻辑指令

6. 同步到 RAPID

创建好逻辑指令后，就可以同步到 RAPID 中，然后进行仿真检验。在基本选项卡界面中，单击"同步"→"同步到 RAPID"，打开"同步到 RAPID"对话框，如图 4.2.51 所示。由于本例只做了路径，所以在"路径 & 目标"项及 Path_10 后面打"√"，单击"确定"，稍等片刻，同步成功。

图 4.2.51　同步到 RAPID 对话框

7 仿真设定

单击"仿真"→"仿真设定"，打开"仿真设定"窗口，在运行模式下方选择"单个周期"（注：也可以选择"连续"），如图 4.2.52 所示。

图 4.2.52　运行模式的设置

单击"T_ROB1"项，在"T_ROB1 的设置"下的进入点选择"Path_10"，单击"关闭"按钮，如图 4.2.53 所示。

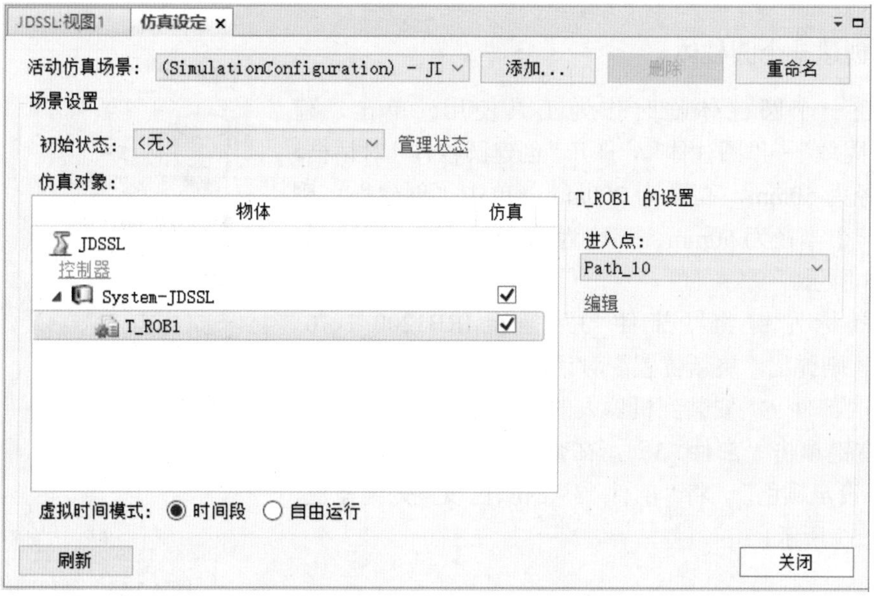

图 4.2.53　T_ROB1 的设置

仿真设定好后，就可以进行仿真了。单击"播放"键，在视图 1 中，可以看到小方块沿着长方块，按所编辑的逻辑指令运动，如图 4.2.54 所示。

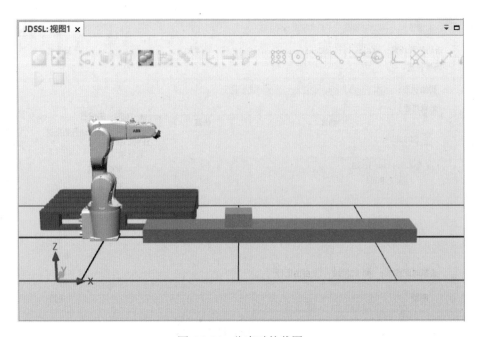

图 4.2.54　仿真时的截图

二、创建搬运与仿真

1. 创建一个圆柱体

创建一个圆柱体临时作为工具使用。单击"建模"→"固体"→"圆柱体"，打开"创建圆柱体"对话框，输入半径为 50mm，高度为 200mm，单击"创建"，则创建了一个半径为 50mm、高度为 200mm 的圆柱体，如图 4.2.55 所示。

用鼠标左键将"部件_3"拖至 IRB1200_7_70_STD_02，则弹出"更新位置"对话框，单击"是（Y）"按钮，则"部件_3"安装到机器人的法兰盘上，如图 4.2.56 所示。右键单击"部件_3"，在弹出的菜单中选择"修改"→"设定颜色"，将"部件_3"的颜色设置为纯蓝色，如图 4.2.57 所示。

图 4.2.55　创建圆柱体

128

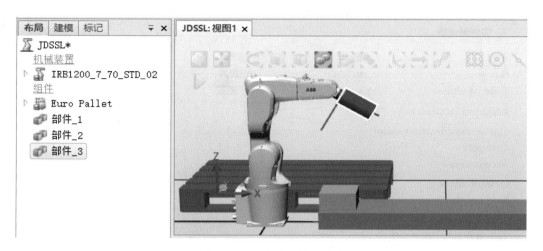

图 4.2.56　工具装在法兰盘上

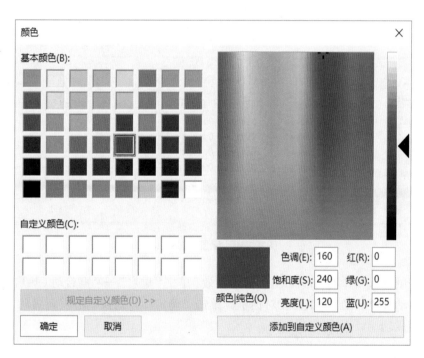

图 4.2.57　修改颜色

2. 创建一个 I/O 信号

单击"控制器"→"配置编辑器"→"I/O System",打开"配置－I/O System"窗口,右键单击"Signal",弹出"新建 Signal…"菜单。单击"新建 Signal…",弹出"实例编辑器"对话框,输入"doTOOL"名称,选择"Digital Output"类型,如图 4.2.58 所示。单击"确定",会弹出一个警告对话框,单击"确定"即可。则创建了一个名为"doTOOL"的 I/O 信号,如图 4.2.59 所示。

图 4.2.58　新建 doTOOL 信号

类型	Name	Type of Signal	Assigned to Device	Signal Ident
Industrial Network	domove0	Digital Output		
Route	domove1	Digital Output		
Signal	domove2	Digital Output		
Signal Safe Level	domove3	Digital Output		
System Input	doTOOL	Digital Output		
System Output	DRV1BRAKE	Digital Output	DRV_1	Brake-release

JDSSL:视图1　System-JDSSL（工作站）×

配置 - I/O System ×

图 4.2.59　配置 I/O System

重启控制器让新建的"doTOOL"信号生效。单击"重启"→"重启动（热启动）（R）"，弹出"重启动（热启动）（R）"对话框，单击"确定"，则控制器重新启动，稍等片刻，控制器重启成功。

3. 修改运动参数

返回到基本选项卡界面，打开"路径和目标点"窗口，展开路径"Path_10"。单击视图下边沿的"MoveL"打开"指令模板"菜单，选择"MoveL"指令；单击"v1000"打开"Speed"菜单，选择运行速度"v500"；单击"z100"打开"Zone"菜单，选择"fine"，如图 4.2.60 所示。

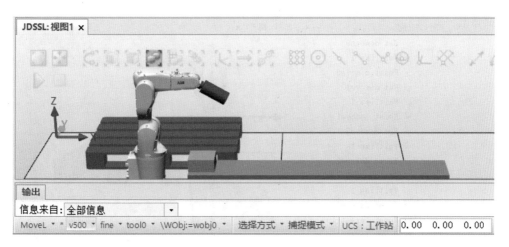

图 4.2.60　修改运动参数

4. 示教编程

单击"手动关节"或"手动线性"工具，移动机器人转轴，将机器人和工具调整到小方块的正上方（x=400,y=0,z=600），如图 4.2.61 所示，单击示教指令，创建一条 MoveL Target_10 指令。

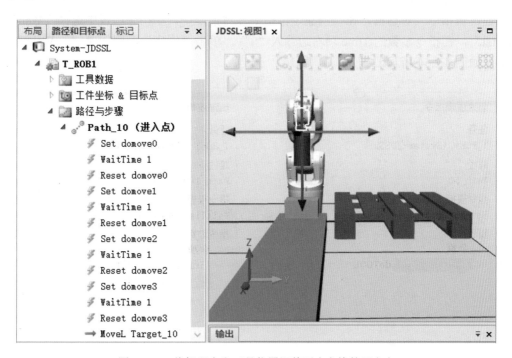

图 4.2.61　将机器人和工具位置调整至小方块的正上方

单击"手动线性"，将机器人及工具调整到如图 4.2.62 所示的位置（z 轴约为 400），工具恰好与小方块接触，单击示教指令，创建一条 MoveL Target_20 指令。

131

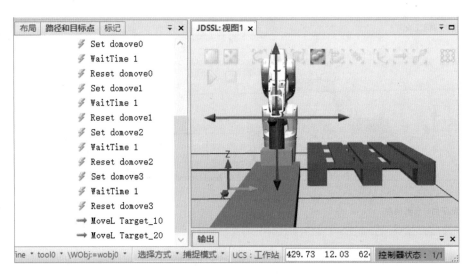

图 4.2.62　将工件调整至与小方块恰好接触

　　右键单击 MoveJ Target_20 指令，在弹出的菜单中选择"插入逻辑指令"，弹出"创建逻辑指令"对话框，在指令模板中选择"Set Default"，在指令参数的 Signal 项选择"doTOOL"，单击"创建"，则创建一条 Set doTOOL 指令。如图 4.2.63 所示。

　　右键单击 MoveJ Target_20 指令，在弹出的菜单中选择"插入逻辑指令"，则弹出"创建逻辑指令"对话框，在"创建逻辑指令"对话框中，在指令模板中选择"WaitTime Default"，在指令参数的 Time 项右边输入"1"，单击"创建"，则创建一条 WaitTime 1 指令。如图 4.2.64 所示。

图 4.2.63　Signal 设置　　　　　　　　　　图 4.2.64　Time 设置

132

单击"手动线性"，将机器人及工具移到小方块正上方的某一位置 (z=600)，如图4.2.65所示的位置，单击 WaitTime 1 指令，再单击示教指令，则创建一条 MoveJ Target_30 指令。

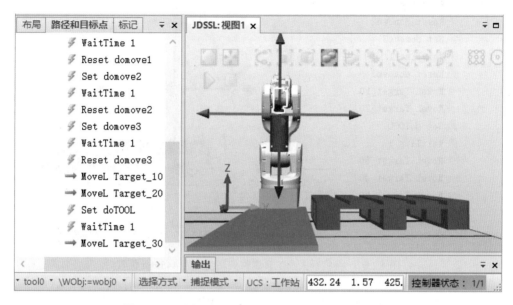

图 4.2.65　将机器人及工具移到小方块正上方 (z=600)

利用"手动关节"工具，点按第一轴，将第一轴旋转至 90 度位置，如图4.2.66所示。单击示教指令，则创建一条 MoveJ Target_40 指令。

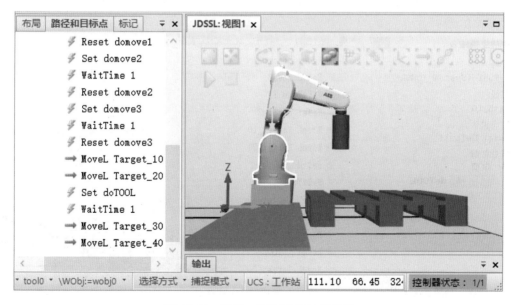

图 4.2.66　将第一轴旋转至 90 度位置

利用"手动线性"工具，将机器人及工具调整到高度约为 445mm 位置，如图4.2.67所示的位置，单击示教指令，则创建一条 MoveJ Target_50 指令。

133

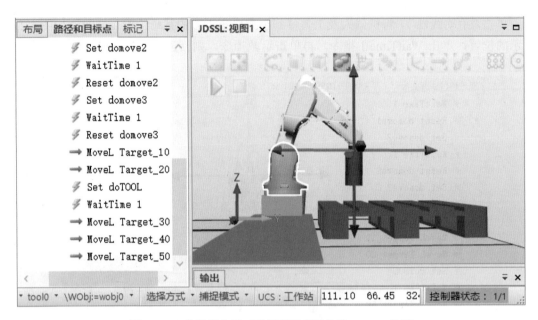

图 4.2.67 将机器人及工具调整到高度约为 445mm 位置

右键单击 MoveJ Target_50 指令，在弹出的菜单中选择"插入逻辑指令"，则弹出"创建逻辑指令"对话框，如图 4.2.68 所示。在指令模板中选择"Reset Default"，在指令参数的 Signal 项选择"doTOOL"，单击"创建"，则创建一条 Reset doTOOL 指令。

利用"手动线性"工具，将机器人及工具调整到 z=600 的高度，单击示教指令，则创建一条 MoveJ Target_60 指令，如图 4.2.69 所示。

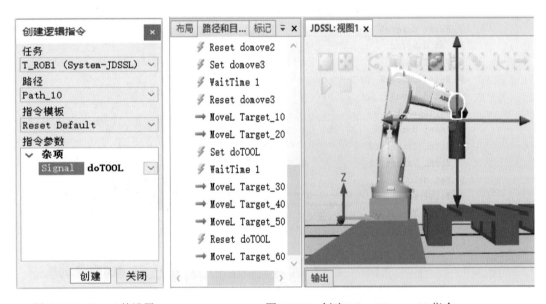

图 4.2.68　Signal 的设置　　　　　图 4.2.69　创建 MoveJ Target_60 指令

134

利用"手动关节"工具，点按第一轴，将第一轴旋转 90 至 0 度位置，如图 4.2.70 所示，单击示教指令，则创建一条 MoveJ Target_70 指令。

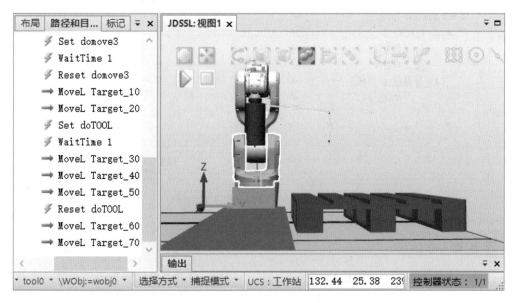

图 4.2.70　将第一轴旋转 90 至 0 度位置

至此，就完成了机器人搬运物体运动的 7 个点的示教编程，它们是：MoveJ Target_10、MoveJ Target_20、MoveJ Target_30、MoveJ Target_40、MoveJ Target_50、MoveJ Target_60、MoveJ Target_70。

机器人路径编程的解读是：机器人从机械原点开始运动，执行 MoveJ Target_10 指令，机器人法兰盘下降至 Z 轴为 600mm 位置，同时机器人的第六轴带动工具转至垂直方向；执行 MoveJ Target_20 指令，机器人法兰盘下降至 Z 轴为 400mm 位置，工具恰好接触到物体的上表面；执行 Set doTOOL 指令，工具执行抓取物体动作；执行 WaiTime 1 指令，等待 1 秒；执行 MoveJ Target_30 指令，机器人将物体抓起上升至法兰盘为 600mm 位置；执行 MoveJ Target_40 指令，机器人第一轴向右旋转 90 度；执行 MoveJ Target_50 指令，机器人法兰盘下降至 445mm 位置，此高度恰好是物体摆放到托盘上面的高度；执行 Reset doTOOL 指令，工具将物体放下；执行 MoveJ Target_60 指令，机器人法兰盘升高至 600mm 位置；执行 MoveJ Target_70 指令，机器人第一轴顺时针旋转 90 度，则一个完整的搬运过程结束。

5. 同步到 RAPID

所创建的指令需要同步到 RAPID 中才能生效。单击"同步"→"同步到 RAPID…"，打开"同步到 RAPID"对话框，将"同步"正下方的所有小方框均打勾单击"确定"，如图 4.2.71 所示。

135

图 4.2.71　同步到 RAPID 对话框

配置 I/O 信号

打开"仿真"选项卡，单击"配置"右边的小三角，打开"事件管理器"窗口。单击"添加"按钮，打开"创建新事件 - 选择触发类型和启动"对话框，在"启动"项目中选择"开"，在"事件触发类型"项目中选择"I/O 信号已更改"，单击"下一个"，如图 4.2.72 所示。

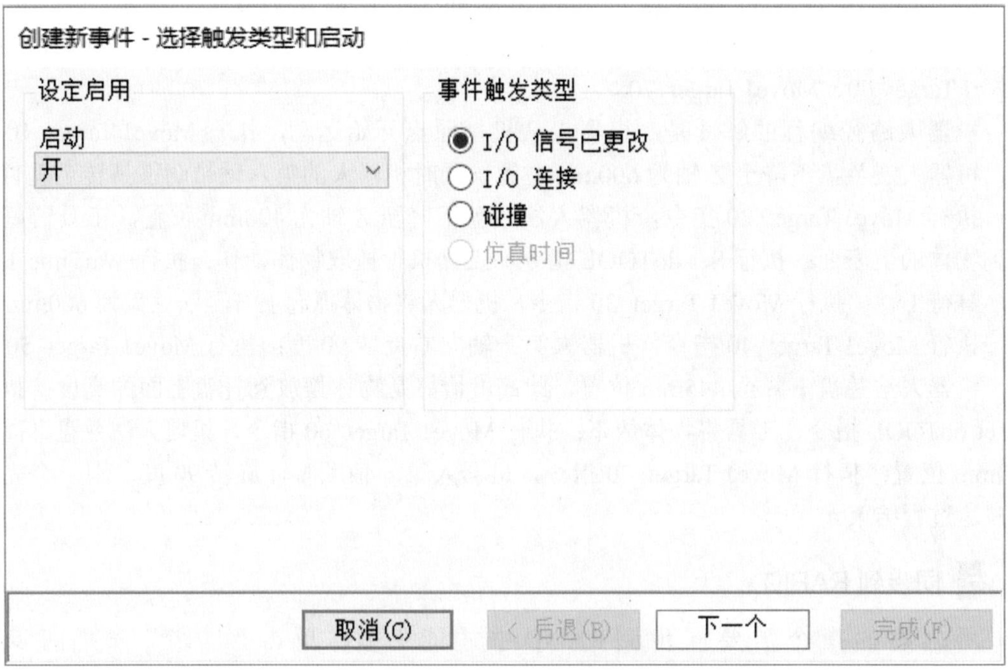

图 4.2.72　创建新事件 - 选择触发类型和启动对话框

在图 4.2.72 中，单击"下一个"，弹出"创建新事件 -I/O 信号触发器"对话框，在"信号名称"项目中选择"doTOOL"，在"触发条器件"项目中选择"信号是

136

true（'1'）"，如图 4.2.73 所示。

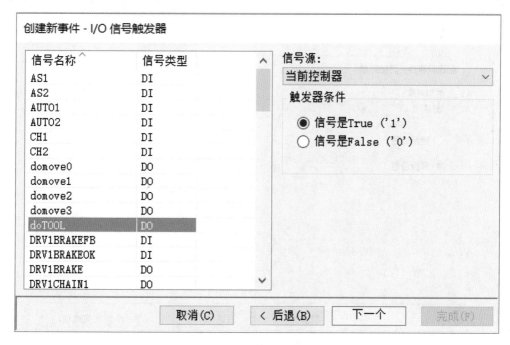

图 4.2.73　doTOOL 的设置

在图 4.2.73 中，单击"下一个"，进入"创建新事件 - 选择操作类型"对话框，在"设定动作类型"项目中选择"附加对象"，如图 4.2.74 所示。

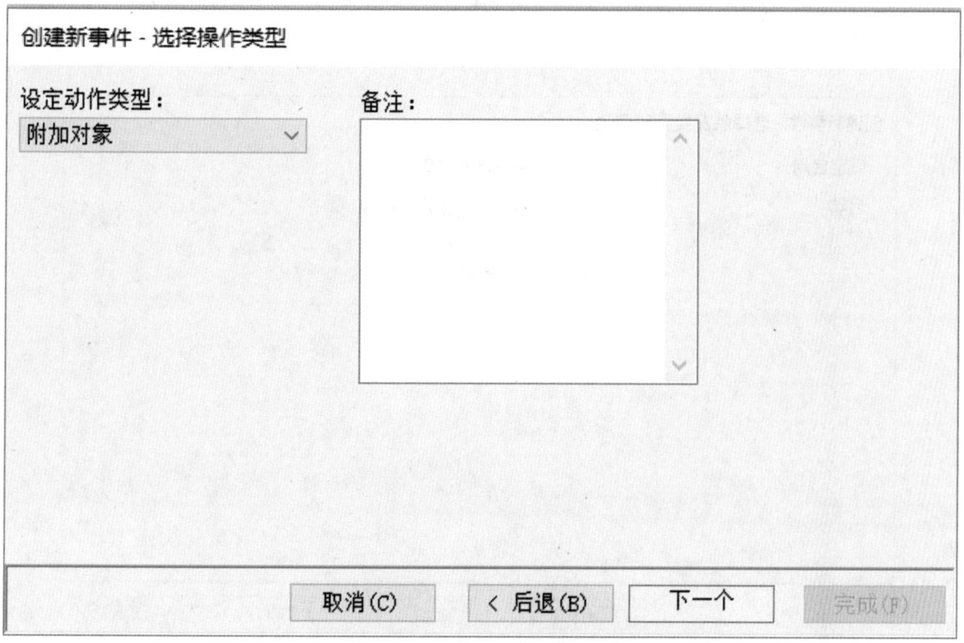

图 4.2.74　创建新事件 - 选择操作类型对话框

在图 4.2.74 中，单击"下一个"，进入"创建新事件 - 附加对象"对话框，在"附加对象"项目中选择"部件 _2"，在"安装到"项目中选择"部件 _3"，然后选择"保持位置"，再单击"完成"按钮。如图 4.2.75 所示。

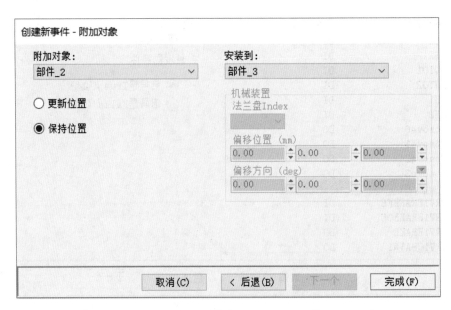

图 4.2.75　创建新事件 - 附加对象对话框

在事件管理器中，单击"添加"，打开"创建新事件 - 选择触发类型和启动"对话框，如图 4.2.76 所示。在该对话框中，"启动"项选择"开"，"事件触发类型"项选择"I/O 信号已更改"，然后单击"下一个"，弹出"创建新事件 -I/O 信号触发器"对话框，如图 4.2.77 所示。

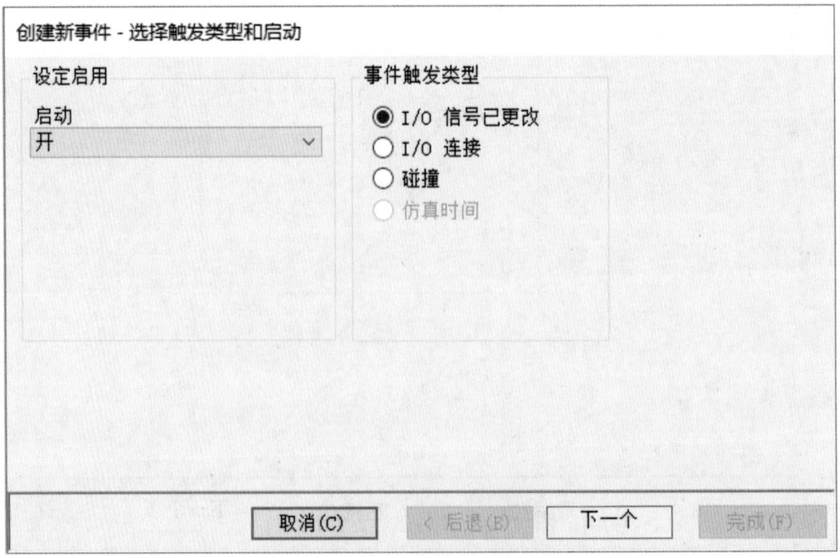

图 4.2.76　创建新事件 - 选择触发类型和启动对话框

在图 4.2.77 中，在"信号名称"项目中选择"doTOOL"，在"触发条器件"项目中选择"信号是 False('0')"，单击"下一个"，进入"创建新事件·选择操作类型"对话框，如图 4.2.78 所示。

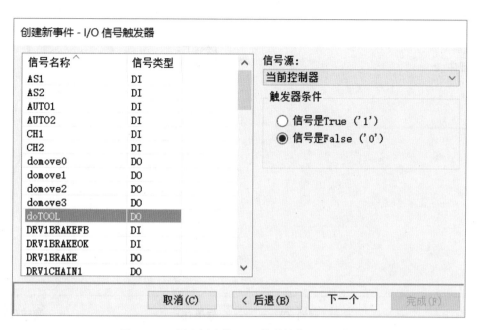

图 4.2.77   创建新事件 -I/O 信号触发器对话框

在图 4.2.78 中，在"设定动作类型"项目中选择"提取对象"，单击"下一个"，进入"创建新事件 - 提取对象"对话框，如图 4.2.79 所示。

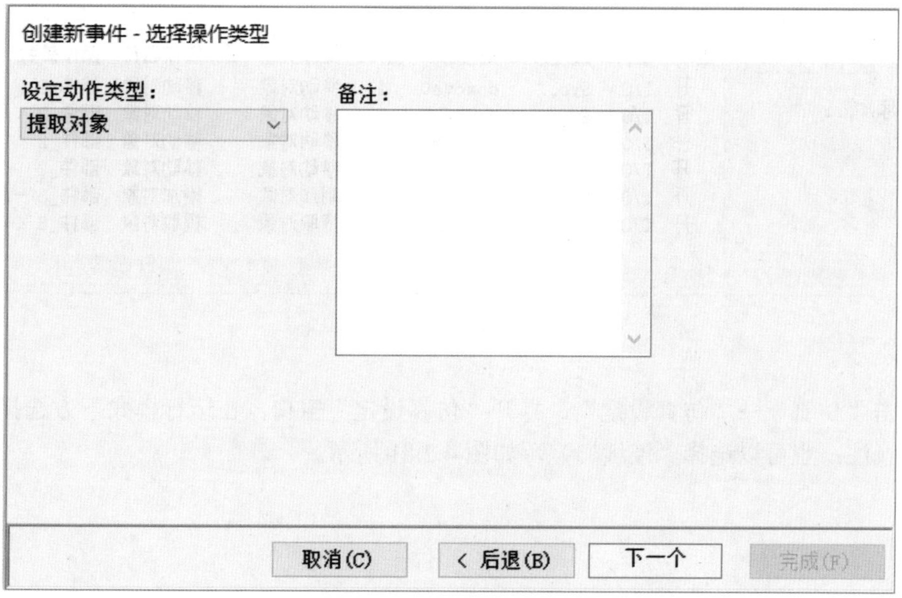

图 4.2.78   创建新事件—选择操作类型对话框

在图 4.2.79 中，在"提取对象"项目中选择"部件_2"，在"提取于"项目中选择"部件_3"，单击"完成"按钮。

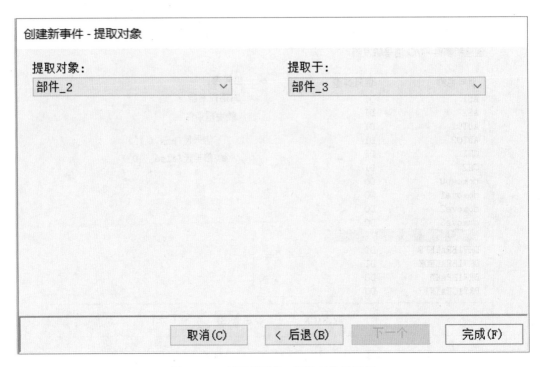

图 4.2.79　创建新事件 - 提取对象对话框

创建好的两个 I/O 信号如图 4.2.80 所示。

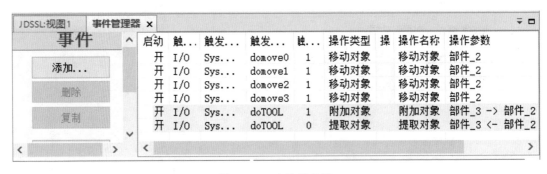

图 4.2.80　事件管理器

单击"仿真"→"仿真设定"，打开"仿真设定"窗口，在运行模式下方选择"单个周期"（注：也可以选择"连续"），如图 4.2.81 所示。

140

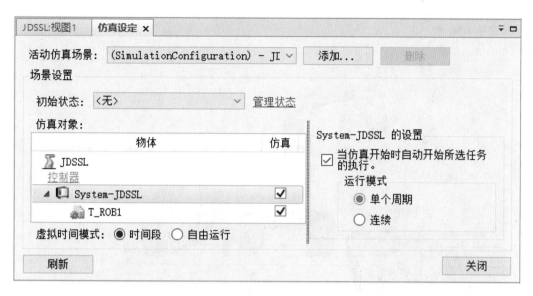

图 4.2.81 System—JDSSL 的设置

单击"T_ROB1"项，在"T_ROB1 的设置"下的进入点选择"Path_10"，单击"关闭"按钮，如图 4.2.82 所示。

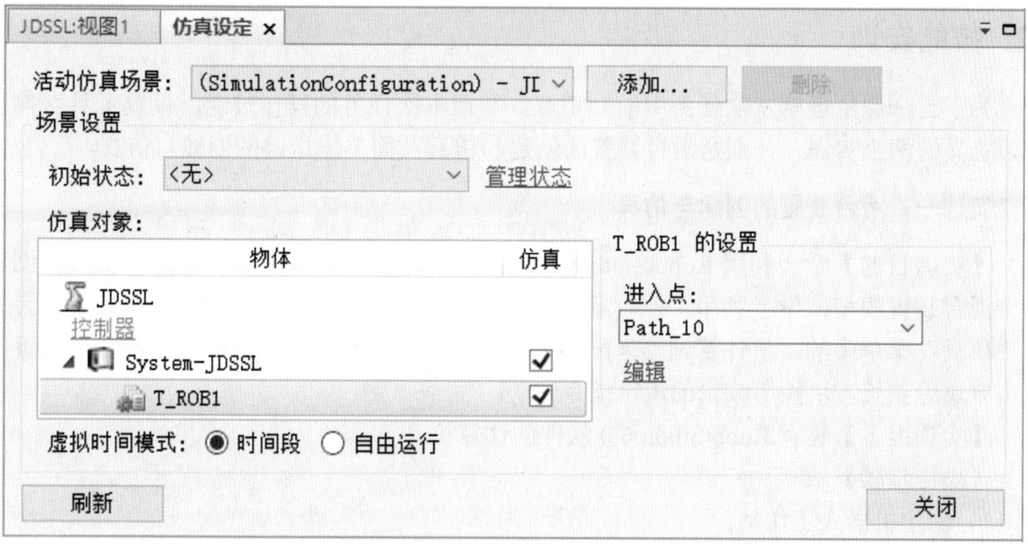

图 4.2.82 T_ROB1 的设置

仿真设定好后，就可以进行仿真了。单击"播放"键，在视图 1 中可以看到机器人在传输链中提取小方块的仿真效果。图 4.2.83 为仿真效果的截图。

141

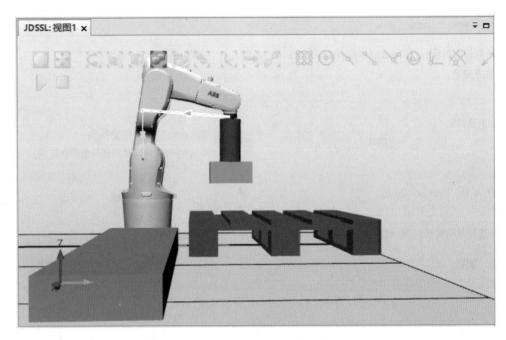

图 4.2.83　机器人提取小方块

三、技能实训

为了更加深刻理解本次任务中的知识点，掌握本次任务的操作技能，设置了具有典型学习意义的两个实训，分别是滑台装置的创建与仿真及简单输送链的创建与仿真。

实训一：滑台装置的创建与仿真

【实训目的】学会利用 RobotStudio6.0 软件的"建模"菜单中的"固体"工具，创建一个滑台装置模型；学会利用"控制器"菜单中的"配置编辑器"创建 I/O 信号；学会利用"仿真"菜单中的"事件管理器"配置 I/O 信号；学会路径编程与仿真，使滑台装置上的小方块沿着长方块按所编辑的逻辑指令运动。

【实训准备】装有 RobotStudio6.0 软件的计算机。

【操作步骤】

1）创建机器人工作站；

2）创建滑台装置模型；

3）创建 I/O 信号；

4）配置 I/O 信号；

5）路径示教与编程；

6）同步到 RAPID；

7）仿真设定；

8）仿真；

9）共享打包；

10）填写实训报告。

【实训报告】详细记录实训的过程和实训的结果。

实训二：简单输送链的创建与仿真

【实训目的】在实训一的基础上，学会利用 RobotStudio6.0 软件的"建模"菜单中的"固体"工具，给机器人创建一个工具；学会利用"控制器"菜单中的"配置编辑器"给机器人工具创建一个 I/O 信号；学会搬运路径的示教与编程，完成机器人自动搬运的仿真。

【实训准备】装有 RobotStudio6.0 软件的计算机。

【操作步骤】

1）打开实训一中所创建的机器人工作站；

2）创建机器人工具；

3）创建 I/O 信号；

4）路径示教与编程；

5）同步到 RAPID；

6）仿真设定；

7）仿真；

8）共享打包；

9）填写实训报告。

【实训报告】详细记录实训的过程和实训的结果。

任务 3　动态输送链创建与仿真

知识目标

1）了解 Smart 组件的应用；
2）了解 Smart 组件基本知识；
3）了解 Smart 组件的子组件功能。

技能目标

1）学会构建动态输送链工作站；
2）学会用 Smart 组件创建动态输送链；
3）学会用 Smart 组件创建动态夹具；
4）学会配置 Smart 组件工作站逻辑；
5）学会对机器人搬运路径进行编程。

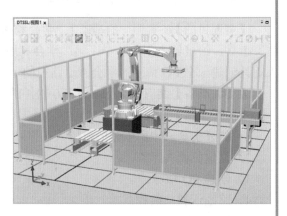

　　Smart 组件适合制作和实现复杂路径的动画效果。在 RobotStudio 中创建码垛的仿真工作站，输送链逼真的动画效果就是由 Smart 组件创建的。

　　在本次任务中，通过构建一个动态输送链工作站，实现输送链动态运行及机器人搬运仿真，让读者从中学习运用 Smart 组件创建动态输送链、动态夹具、工作站逻辑配置的基本知识与操作技能，以及机器人搬运路径的编程知识与操作技能。

一、创建动态输送链工作站

1. 创建机器人系统

　　打开 RobotStudio 6.04 软件，单击"空工作站"，单击"创建"，建立一个空工作站。单击"ABB 模型库"，选择"IRB460"机器人，导入 IRB460 型机器人，如图 4.3.1 所示。

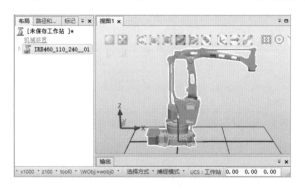

图 4.3.1　入 IRB460 型机器人

144

单击"机器人系统"→"从布局…",弹出"从布局创建系统"对话框,在"系统名称和位置"界面中,输入名称 System-DTSSL,选择保存路径,如图 4.3.2 所示。

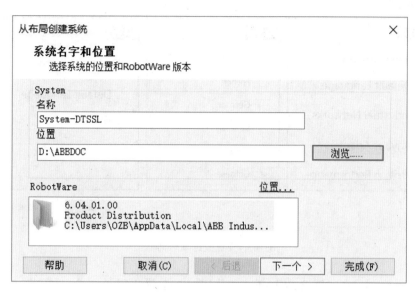

图 4.3.2　系统名称和位置界面

在图 4.3.2 中,击"下一个";进入"选择系统的机械装置"界面,单击"下一个";进入"系统选项"界面,如图 4.3.3 所示,单击"选项"按钮,进入"更改选项"窗口,如图 4.3.4 所示。

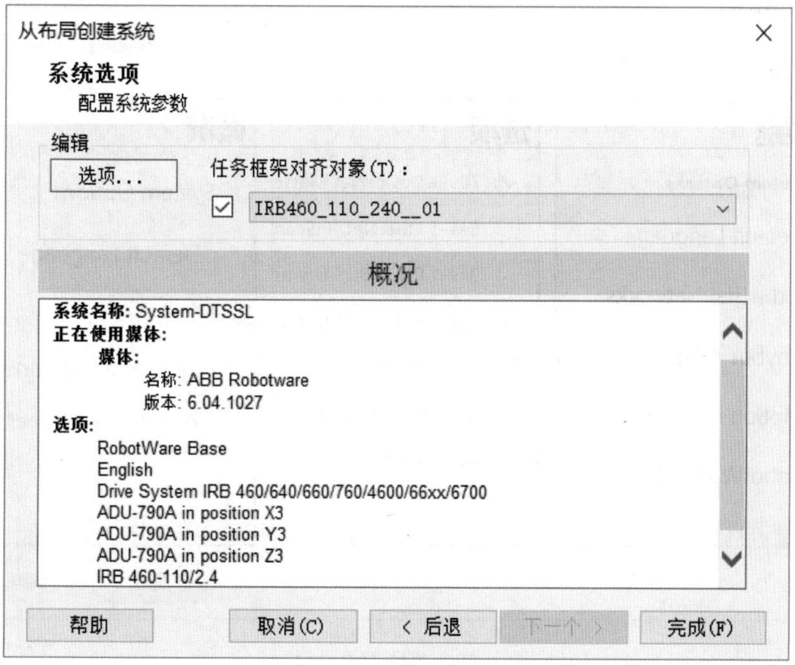

图 4.3.3　更改选项窗口

145

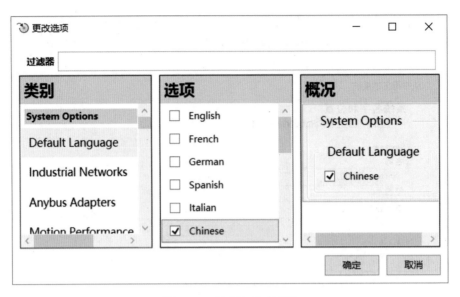

图4.3.4　更改选项对话框

在图4.3.4中，在"Default Language"项中选择"Chinese"。在图4.3.5中，在"Industrial Networks"项中选择"709-1 DeviceNet Master/Slave"。在图4.3.6中，在"Anybus Adapters"项中选择"840-2 PROFIBUS Anybus Device"。然后关闭"更改选项"窗口，返回"系统选项"界面，单击"完成"。稍等片刻，系统创建成功。将工作站保存在所建系统的文件夹内，并命名为DTSSL，如图4.3.7所示。

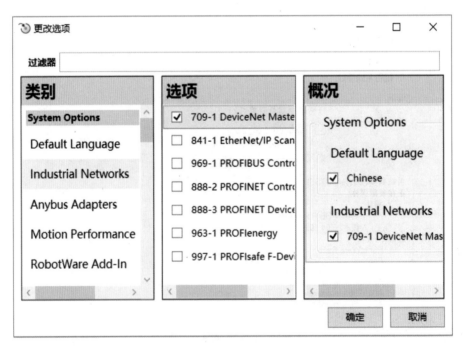

图4.3.5　各选项的设置一

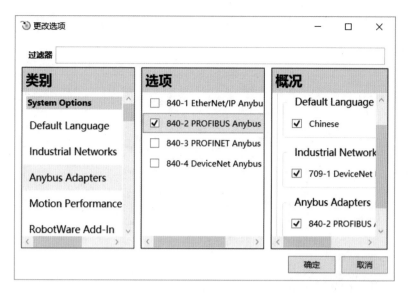

图 4.3.6　各选项的设置二

图 4.3.7　点击完成

2. 创建机器人基座 basebox

单击"建模"→"固体"→"矩形体"，打开"创建方体"对话框，创建一个长为 950mm，宽为 750mm，高为 500mm 的长方体，在"角点"下方的 X 轴输入 -580，Y 轴输入 -375，单击"创建",则创建了一个名为"部件 1"长方体,如图 4.3.8 所示。将"部件 1"重新命名为"basebox"。

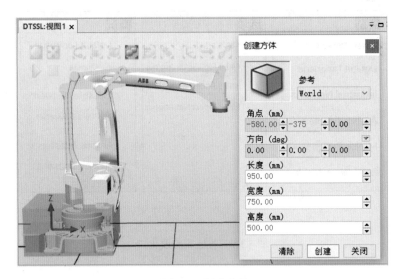

图 4.3.8　创建方体

在左边的布局窗口,右键单击 IRB460_110_240_01,在弹出的菜单中选择"位置"→"设定位置",打开"设定位置"对话框,将位置的 Z 轴设定为 500mm,单击"应用",会弹出"是否移动任务框架?"提示框,单击"是",则机器人的底座移到长方体上方,如图 4.3.9 所示。

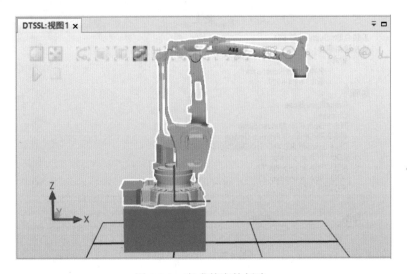

图 4.3.9　完成基座的创建

3. 导入机器人工具 tGripper

单击"导入模型库"→"浏览库文件",弹出"打开"对话框,找到 tGripper 所在的库文件夹，选择"tGripper"，单击"打开"按钮，如图 4.3.10 所示。则 tGripper 导入到工作站中，将 tGripper 安装到机器人法兰盘上，如图 4.3.11 所示。

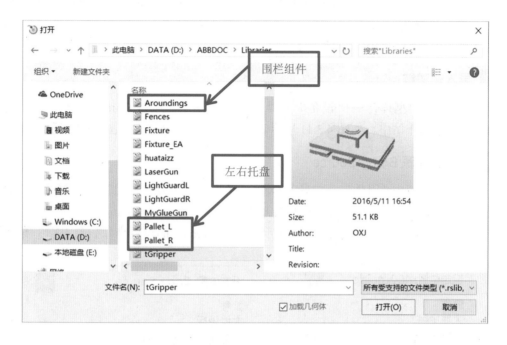

图 4.3.10　选择 tGripper

4. 导入围栏组件 Aroundings

单击"导入模型库"→"浏览库文件"，弹出"打开"对话框，找到"Aroundings"所在的库文件夹，选择"Aroundings"，单击"打开"按钮，则"Aroundings"导入到工作站中，如图 4.3.11 所示。

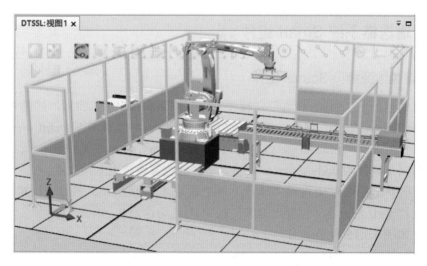

图 4.3.11　导入围栏组件

5. 导入左右托盘 Pallet

单击"导入模型库"→"浏览库文件",弹出"打开"对话框,找到 Pallet 所在的库文件夹,同时选择"Pallet_L"及"Pallet_R",单击"打开"按钮,则"Pallet_L"及"Pallet_R"导入到工作站中,如图 4.3.11 所示。

6. 导入输送链

单击"导入模型库"→"设备"→"输送链"→"输送链 Guide",则将"输送链 Guide"导入到工作站中,如图 4.3.11 所示。输送链的位置坐标,如图 4.3.12 所示。

7. 创建物体源 Body_Source

单击"建模"→"固体"→"矩形体",打开"创建方体"对话框,创建一个长为 400mm,宽为 360mm,高为 200mm 的长方体,并改名为 Body_Source,设置为绿色,再将其放置到输送链的末端,如图 4.3.11 所示。Body_Source 的位置坐标如图 4.3.13 所示。

图 4.3.12 传送链的位置坐标

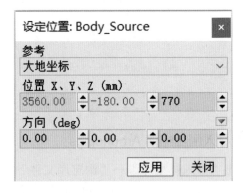

图 4.3.13 Body_Source 的位置坐标

二、创建输送链系统 Smart 组件

1. 创建物体源拷贝 Source 组件

单击"建模"→"Smart 组件",打开"SmartComponent_1"窗口,如图 4.3.14 所示。关闭"SmartComponent_1"属性,在左边"建模"下方,右键单击"SmartComponent_1",在弹出的菜单中选择"重命名",改名为"SC_InFeeder",如图 4.3.15 所示。

为方便拷贝物体源 Body_Source,可将其所在的位置设定为本地原点。右键单击"Body_Source",在弹出的菜单中选择"修改"→"设定本地原点",弹出"设定本地原点:Body_Source"对话框,将"位置"的 X、Y、Z 的值均设为 0,单击"应用",再单击"关闭"即可。如图 4.3.15 所示。

图 4.3.14　SmartComponent_1 窗口　　　　　　　图 4.3.15　改名为 SC_InFeeder

　　在 SC_InFeeder 窗口中，在"子对象组件"的右边，单击"添加组件"，在弹出的菜单中选择"动作"→"Source"，则创建了一个图形组件的拷贝，同时弹出"属性：Source"对话框，在"Source"项选择"Body_Source"；暂时不设置"Copy"、"Parent"项；在"Position"项，由于之前已将"Body_Source"所在的位置设定为本地原点，所以该项不用设置；在"Transient"项，暂时可以不设，但在调试时要打"√"；然后单击"应用"，再关闭对话框。如图 4.3.16 所示。

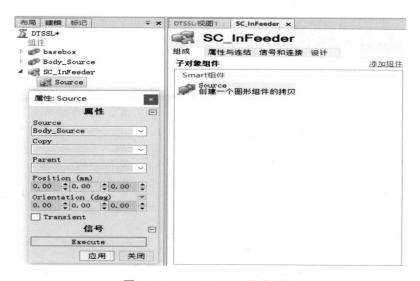

图 4.3.16　SC_InFeeder 选项设置

2. 创建线性运动 LinearMover 组件

　　为了让拷贝沿着输送链运动，需要创建一个 LinearMover 组件。单击"添加附件"，在弹出的菜单中选择"本体"→"LinearMover 移动一个对象到一条线上"，则创建了一个"LinearMover"组件，同时弹出"属性：LinearMover"对话框，点击"关闭"，如图 4.3.17 所示。

151

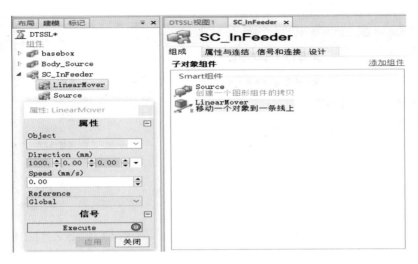

图 4.3.17　属性：LinearMover 对话框

"属性：LinearMover"对话框中的"Object"项，是要求设定一个运动的对象。而在本例中，运动的对象是源源不断产生的拷贝，所以无法确定，只能用组件来代替。

单击"添加组件"，在弹出的菜单中选择"其他"→"Queue"，创建一个队列，该队列可以作为组件进行操作，如图 4.3.18 所示。

在"LinearMover"属性对话框中，在"Object"项选择"SC_InFeeder/Queue"，在"Direction"项，设置为沿 X 轴负方向运动（X = − 1，Y = 0，Z = 0），在"Speed"项设置为"200mm/s"，在信号下方启动"Execute"项，然后单击"应用"，如图 4.3.19所示。则完成属性设置，再单击"关闭"。

图 4.3.18　创建一个队列

图 4.3.19　LinearMover 属性设置

3. 添加面传感器 PlanSensor 组件

单击"添加组件"，在弹出的菜单中选择"传感器"→"PlaneSensor 监测对象与面相交"，则创建了一个"PlaneSensor"组件，同时弹出"属性：PlaneSensor"对话框，关闭该对话框，如图 4.3.20 所示。

图 4.3.20　属性：PlaneSensor 对话框

　　右键单击"PlaneSensor"，在弹出的菜单中选择"属性"，打开"属性：PlaneSensor"对话框。选择"选择部件""捕捉末端"工具，接着在起点"Origin"的第一格内单击鼠标左键，然后将鼠标移动到输送链靠近机器人端的右边，当灰色小球捕捉到右下角的一点时，单击左键，则在起点"Origin"的 X、Y、Z 轴显示出该点的坐标值。以该点为起点，向 Y 轴负方向、Z 轴正方向展宽传感器，则在第一轴"Axis1"的 Y 轴方框内输入－400mm（因为输送链的宽度为 400mm），在第二轴"Axis2"的 Z 轴方框内输入 90mm。在"信号"下方的"Active"项，暂时不激活，等使用时再激活；也可直接激活，如图 4.3.21 所示。单击"应用"后，生成的面传感器，如图 4.3.22 所示。

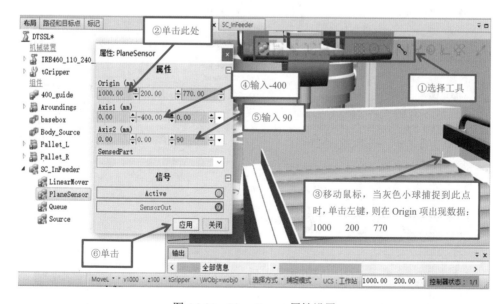

图 4.3.21　PlaneSensor 属性设置

153

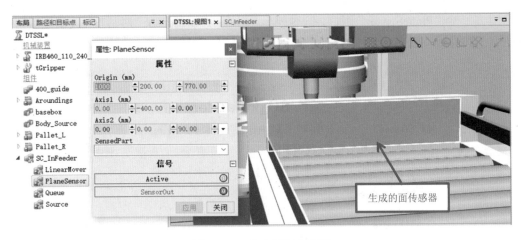

图 4.3.22　生产的面传感器

4. 手动检查面传感器 PlaneSensor

用手动的方式检查传感器是否与检测出周边设备而发生误测。单击"Active"，使之不激活，再单击"Active"，使之激活，则在"SensedPart"下方显示"400_Guide"，如图 4.3.23 所示。说明传感器能检测到输送链，因为传感器是依据输送链上的点而建立的，是紧贴在输送链上的，所以被检测到。而传感器是用来检测输送过来的拷贝，以产生拷贝送到的信号。因此，不允许传感器检测到除拷贝之外的设备，所以要设置输送链不能被传感器检测到。

右键单击"400_Guide"，在弹出的菜单中选择"修改"→"可由传感器检测"，如图 4.3.24 所示。取消"可由传感器检测"前面的勾选"√"，则传感器就检测不到输送链。

至此，输送链需要的相关组件：Source、LinearMove、PlaneSensor、Queue 均已创建。

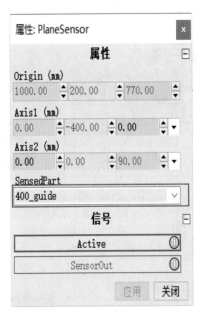

图 4.3.23　PlaneSensor 属性对话框

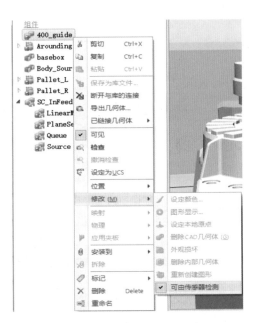

图 4.3.24　选择可由传感器检测

154

三、添加属性与连接

在创建好输送链需要的相关组件之后，就要进行属性与连结、信号与连接的设置。

右键单击"SC_InFeeder"，在弹出的菜单中选择"编辑组件"，打开"SC_InFeeder"组件窗口，单击"属性与连结"，打开"属性与连结"选项卡。

1. 添加拷贝与队列的属性连接

在"属性连结"窗口下方，单击"添加连结"，弹出"添加连结"对话框，如图 4.3.25 所示。在"源对象"中选择"Source"，在"源属性"中选择"Copy"，在"目标对象"中选择"Queue"，在目标属性中选择"Back"，然后单击"确定"，则添加了一个属性连结：每次生成的拷贝自动进入队列。添加好的属性连结如图 4.3.26 所示。

图 4.3.25　添加连结

图 4.3.26　属性连结

2. 添加输送链启动信号

打开"信号与连接"选项卡，在"I/O 信号"窗口下方，单击"添加 I/O Signals"，弹出"添加 I/O Signals"对话框，在"信号类型"中选择"DigitalInput"，在"信号名称"中输入"StartCNV"，单击"确定"，如图 4.3.27 所示。则添加了输送链启动 I/O 信号。

图 4.3.27　添加 I/O 信号对话框

3. 添加输送链产品到位信号

单击"添加 I/O Signals"，弹出"添加 I/O Signals"对话框，在"信号类型"中选择

155

“DigitalOutput”，在“信号名称”中输入“BoxInPos”，单击“确定”按钮，如图 4.3.28 所示。则添加了输送链产品到位 I/O 信号。添加好的启动信号和产品到位信号，如图 4.3.29 所示。

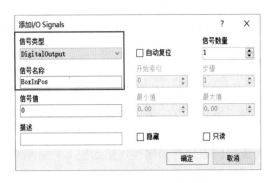

图 4.3.28　信号名称的设置

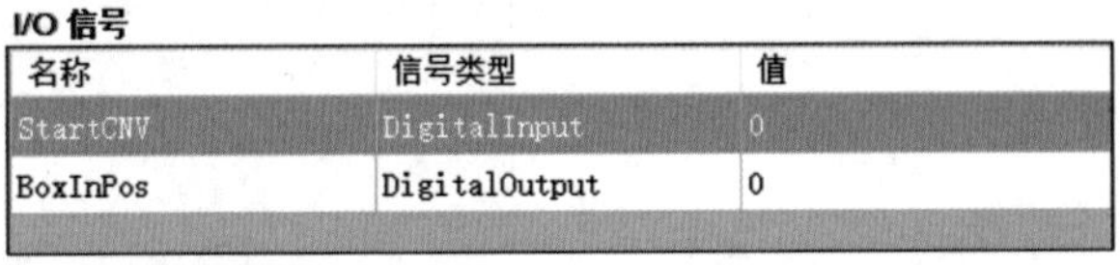

I/O 信号

名称	信号类型	值
StartCNV	DigitalInput	0
BoxInPos	DigitalOutput	0

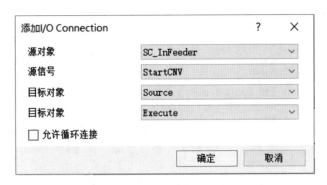

图 4.3.29　添加好的启动信号和产品到位信号

4. 完成输送链的逻辑链接

（1）产生拷贝

单击“I/O 连接”下方的“添加 I/O Connection”，打开“添加 I/O Connection”对话框，并按图 4.3.30 所示来进行设置，然后单击“确定”。其意思是利用组件的启动信号去触发 Source 组件的执行。

图 4.3.30　添加 I/O 连接对话框

（2）拷贝沿着输送链运动

单击“I/O 连接”下方的“添加 I/O Connection”，打开“添加 I/O Connection”对话框，

并按图 4.3.31 所示来进行设置，然后单击"确定"。其意思是利用 Source 组件执行完成的信号去触发 Queue 队列组件的加入队列的动作。

（3）传感器检测出产品

单击"I/O 连接"下方的"添加 I/O Connection"，打开"添加 I/O Connection"对话框，并按图 4.3.32 所示来进行设置，然后单击"确定"。其意思是当产生的拷贝运动到输送链的末端碰触到传感器时，传感器检测出来并发出信号，将该拷贝从队列中剔除，让它失去运动属性，即停止在输送链的末端。

图 4.3.31　拷贝沿着输送链运动的 I/O 设置　　　图 4.3.32　传感器检测出产品的 I/O 设置

此时，已做好了一个完整的逻辑链接，即：产生拷贝，拷贝加入队列并沿输送链运动到末端，传感器检测到拷贝并发出信号，触发队列剔除拷贝的运行属性，让拷贝停止在输送链的末端。当机器人将停止在输送链末端的拷贝拾起时，应该触发队列产生新的拷贝，从而进行下一个循环。由于传感器只有一个输出信号，而且是上升沿触发，是从 0 变到 1 时触发队列剔除拷贝的运行属性。要将传感器输出信号变为一个下降沿触，即从 1 变到 0 时触发队列产生新的拷贝，需要添加一个逻辑运算来对信号进行取反操作。

（4）传感器输出信号逻辑非运算

返回"组成"界面，单击"添加组件"→"信号和属性"→"LogicGate"，则添加了一个逻辑组件，同时弹出"属性：LogicGate"对话框，在"Operator"项选择"NOT"，单击"关闭"，如图 4.3.33 所示。

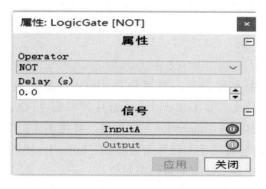

图 4.3.33　属性：LogicGate 对话框

157

返回"信号和连接"操作界面，单击"I/O 连接"下方的"添加 I/O Connection"，打开"添加 I/O Connection"对话框，并按图 4.3.34 所示来进行设置，然后单击"确定"。其意思是传感器输出信号经逻辑非运算变为输入信号。

（5）逻辑运算结果触发 Source 的执行

在"信号和连接"操作界面，单击"I/O 连接"下方的"添加 I/O Connection"，打开"添加 I/O Connection"对话框，并按图 4.3.35 所示来进行设置，然后单击"确定"。其意思是逻辑运算结果来触发 Source 的执行。

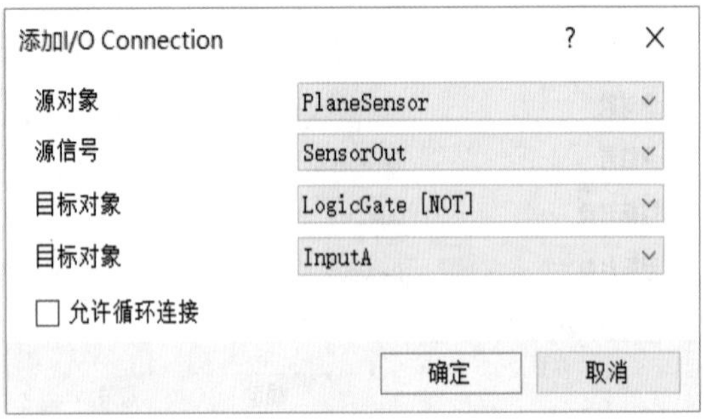

图 4.3.34　传感器输出信号逻辑非运算的设置 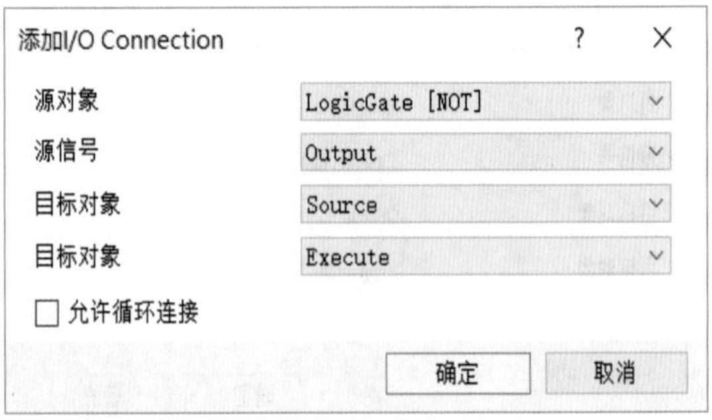　　图 4.3.35　逻辑运算结果触发 Source 执行的设置

至此，已添加了 5 个 I/O 连接，如图 4.3.36 所示。第一行：组件的启动信号触发 Source 组件的执行；第二行：Source 组件执行完成的信号触发 Queue 队列组件的加入队列；第三行：当产生的拷贝运动到输送链的末端碰触到传感器时，传感器检测出来并发出信号，将该拷贝从队列中剔除，让它停止在输送链的末端；第四行：传感器输出信号经逻辑非运算变为输入信号；第五行：逻辑运算结果来触发 Source 的执行。

I/O 连接

源对象	源信号	目标对象	目标对象
SC_InFeeder	StartCNV	Source	Execute
Source	Executed	Queue	Enqueue
PlaneSensor	SensorOut	Queue	Dequeue
PlaneSensor	SensorOut	LogicGate [NOT]	InputA
LogicGate [NOT]	Output	Source	Execute

图 4.3.36　已添加 5 个 I/O 连接

（6）置位 BoxInPos

当传感器检测到产品到位之后，要置位 BoxInPos（输送链产品到位信号），将到位信号传递给机器人，因此需要添加一个 I/O 链接。单击"I/O 连接"下方的"添加 I/O Connection"，打开"添加 I/O Connection"对话框，并按图 4.3.37 所示来进行设置，然后单击"确定"。即利用传感器的输出信号来置位 SC_InFeeder 组件的输出信号 BoxInPos。

（7）仿真开始与停止触发锁定的置位与复位

返回"组成"界面，单击"添加组件"→"其他"→"SimulationEvents"，则添加了一个名为"SimulationEvents"的逻辑组件。单击"添加组件"→"信号和属性"→"LogicSRLatch"，则添加了一个名为"LogicSRLatch"的逻辑组件。

在"信号和连接"中要将"SimulationEvents"组件与"LogicSRLatch"组件连接起来。打开"信号和连接"窗口，单击"I/O 连接"下方的"添加 I/O Connection"，打开"添加 I/O Connection"对话框，并按图 4.3.38 所示来进行设置，然后单击"确定"。即利用仿真事件的开始功能触发锁定的置位操作。

图 4.3.37　输出信号 BoxInPos 的设置　　　图 4.3.38　仿真开始与停止触发锁定的置位与复位

在"信号和连接"操作界面中，单击"I/O 连接"下方的"添加 I/O Connection"，打开"添加 I/O Connection"对话框，并按图 4.3.39 所示来进行设置，然后单击"确定"。即利用仿真事件的停止功能触发锁定的复位操作。

（8）锁定的输出信号触发传感器的激活

在"信号和连接"窗口中，单击"I/O 连接"下方的"添加 I/O Connection"，打开"添加 I/O Connection"对话框，并按图 4.3.40 所示来进行设置，然后单击"确定"，即利用锁定的输出信号触发传感器的激活。已建好的 I/O 连接如图 4.3.41 所示。

图 4.3.39　复位操作　　　　　　　　图 4.3.40　锁定的输出信号

159

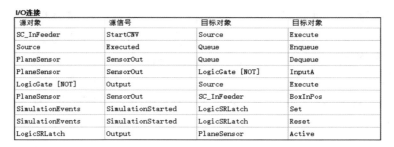

图 4.3.41　已建好的 I/O 连接

5. 验证输送链系统的运行情况

打开"仿真"选择卡，单击"仿真设定"，打开"仿真设定"对话框，取消机器人系统的仿真，保留 SC_InFeeder 的仿真，单击"关闭"，如图 4.3.42 所示。

图 4.3.42　仿真设定对话框

在启动仿真之前，可先查看 Source、PlaneSensor 的属性设置。打开 Source 属性对话框，在"Tansient"前打"√"，表示产生的拷贝不占内存，如图 4.3.43 所示。打开 PlaneSensor 属性对话框，单击"Active"，激活传感器，如图 4.3.44 所示。单击"播放"，右键单击 SC_InFeeder，打开属性对话框，如图 4.3.45 所示。

图 4.3.43　Sourc

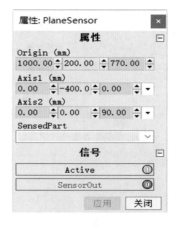

图 4.3.44　PlaneSensor

图 4.3.45　SC_InFeede

160

点击"StartCNV"，产品源产生拷贝，拷贝沿着输送链运动到末端碰触到传感器时，传感器检测出来并发出信号，将该拷贝从队列中剔除，让它失去运动属性，即停止在输送链的末端。同时，传感器的输出信号来置位 SC_InFeeder 组件的 BoxInPos。如图 4.3.46 所示。

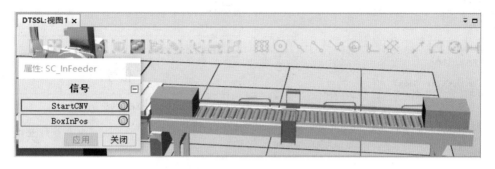

图 4.3.46　完成各属性的设置

四、创建夹具系统 Smart 组件

1. 添加安装与拆除动作

单击"建模"→"Smart 组件"，创建一个 Smart 组件，并命名为"SC_TOOL"。单击"添加组件"→"动作"→"Attacher(安装一个对象)"，创建一个"Attacher"组件。单击"添加组件"→"动作"→"Detacher(拆除一个已安装的对象)"，创建一个"Detacher"组件。如图 4.3.47 所示。

图 4.3.47　创建一个"Detacher"组件

右键单击"Attacher"，在弹出的菜单中选择"属性"，打开"属性：Attacher"对话框，在"Parent（安装的父对象）"中选择"tGripper"；在"Child（安装的子对象）"中，暂时不选，因为安装的子对象是不断产生的拷贝；单击"关闭"，如图 4.3.48 所示。

右键单击"Detacher"，在弹出的菜单中选择"属性"，打开"属性：Detacher"对话框，在"Child（已安装的子对象）"中，暂时不选，因为已安装的对象是不断产生的拷贝；"KeePosition"项中选择"√"，单击"关闭"，如图 4.3.49 所示。

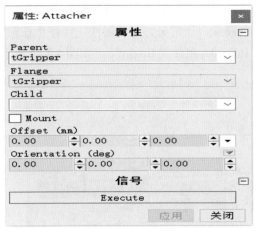

图 4.3.48 属性：Attacher

图 4.3.49 属性：Detacher

2. 在工具上安装一个传感器

可以将传感器检测到的产品作为安装的子对象及拆除的子对象。单击"添加组件"→"传感器"→"LineSensor（线传感器）"，则添加了一个线传感器。右键单击线传感器，打开线传感器属性对话框，选择"捕捉部件"、"捕捉对象"工具，在属性对话框中，单击起点"Start"下方第一格，将鼠标移到工具表面中央，当灰色小球捕捉到中心时单击左键，则在"Start"下方自动显示该点的坐标值；接着在终点"End"的 X 轴和 Y 轴输入与起点"Start"的 X 轴、Y 轴相同的数值，在终点"End"的 Z 轴输入 1600；在半径"Radius"中输入 4，单击"应用"，则创建一个线性传感器，如图 4.3.50、4.3.51 所示。

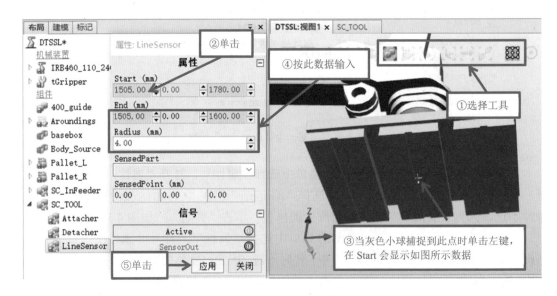

图 4.3.50 在工具上安装一个传感器

162

为避免线性传感器对工具 tGripper 进行检测，需要将工具 tGripper 屏蔽。右键单击 tGripper，在弹出的菜单中将"可由传感器检测"前面的"√"去掉，如图 4.3.52 所示。

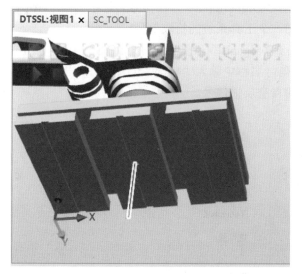

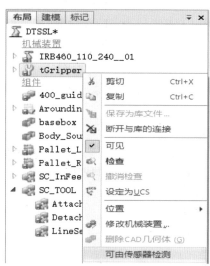

图 4.3.51　创建一个线性传感器　　　　　图 4.3.52　将工具 tGripper 屏蔽

右键单击"lineSensor"，在弹出的菜单中选择"安装到"→"tGripper"，弹出"更新位置"对话框，由于线性传感器是建立在工具的表面上的，其位置不需要更新，所以在"更新位置"对话框中单击"否"，则线性传感器安装到工具上，并且跟随工具移动而移动。

③ 线性传感器属性与连结设置

在 SC_TOOL 组件中，打开"属性与连结"窗口，单击"属性连结"下方的"添加连结"，打开"添加连结"对话框，按图 4.3.53 进行设置，单击"确定"。其意思是线性传感器检测到的部件作为安装的子对象。

单击"属性连结"下方的"添加连结"，打开"添加连结"对话框，按图 4.3.54 进行设置，单击"确定"。其意思是安装的子对象作为拆除的子对象。

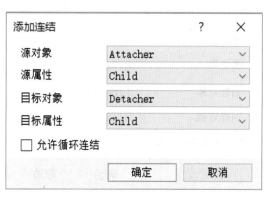

图 4.3.53　作为安装的子对象的设置　　　　图 4.3.54　作为拆除的子对象的设置

163

4. 添加 I/O 信号

打开"信号与连接"窗口，在"I/O信号"的下方，单击"添加 I/O Signals"，打开"添加 I/O Signals"对话框，在信号类型中选择"DigitalInput"，在信号名称中输入"Grip1"，单击"确定"，如图 4.3.55 所示。即添加一个工具系统的拾取信号。

在"信号与连接"窗口，单击"添加 I/O Signals"，打开"添加 I/O Signals"对话框，在信号类型中选择"DigitalOutput"，在信号名称中输入"VacuumOK"，单击"确定"，如图 4.3.56 所示。即添加一个工具系统的真空反馈信号。

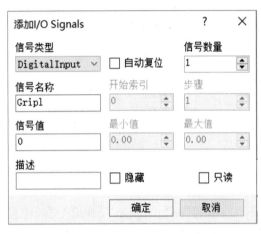
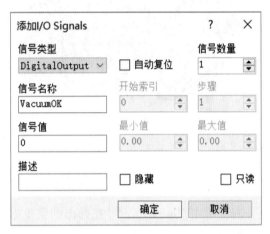

图 4.3.55 添加一个工具系统的拾取信号　　图 4.3.56 添加一个工具系统的真空反馈信号

5. 添加 I/O 连接

在"I/O连接"的下方，单击"添加 I/O Connection"，打开"添加 I/O Connection"对话框，并按图 4.3.57 进行设置，单击"确定"。即利用 SC_TOOL 组件的 Grip1 去激活线性传感器。

在"I/O连接"的下方，单击"添加 I/O Connection"，打开"添加 I/O Connection"对话框，并按图 4.3.58 进行设置，单击"确定"。即利用线性传感器的输出信号触发安装的执行。

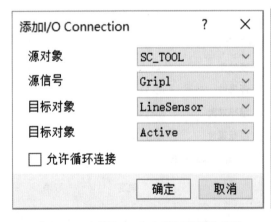

图 4.3.57 利用 Grip1 去激活线性传感器　　图 4.3.58 利用输出信号触发

164

6. 添加逻辑运算

Grip1 信号是上升沿触发安装的执行，要用一个下降沿信号去触发拆除的执行，则需要将 Grip1 信号进行逻辑运算，变成下降沿触发信号。

返回"组成"界面，单击"添加组件"→"信号和属性"→"LogicGate"，则添加了一个逻辑运算组件，同时会弹出属性：LogicGate"对话框，在"Operator"中选择"NOT"，单击"关闭"，如图 4.3.59 所示。

图 4.3.59　SC_TOOL 对话框

返回"信号和连接"界面，在"I/O 连接"的下方，单击"添加 I/O Connection"，打开"添加 I/O Connection"对话框，并按图 4.3.60 进行设置，单击"确定"。即利用 SC_TOOL 组件的 Grip1 去连接逻辑非运算。

在"I/O 连接"的下方，单击"添加 I/O Connection"，打开"添加 I/O Connection"对话框，并按图 4.3.61 进行设置，单击"确定"。即利用逻辑非运算的输出信号去触发拆除的执行。

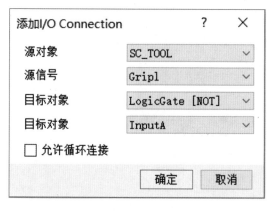

图 4.3.60　连接逻辑非运算　　　　图 4.3.61　利用逻辑非运算的输出信号去触发

7. 添加设定复位锁定 I/O 信号

打开"组成"界面，单击"添加组件"→"信号和属性"→"LogicSRLatch"，添加一个设定复位锁定组件，在弹出的"属性：LogicSRLatch"对话框中，单击"关闭"。

打开"信号和连接"界面，在"I/O 连接"的下方，单击"添加 I/O Connection"，打开"添加 I/O Connection"对话框，并按图 4.3.62 进行设置，单击"确定"。即利用 Attacher 的执行去触发锁定的置位操作。

在"I/O 连接"的下方，单击"添加 I/O Connection"，打开"添加 I/O Connection"对话框，并按图 4.3.63 进行设置，单击"确定"。即利用 Detacher 的执行去触发锁定的复位操作。

图 4.3.62 利用 Attacher 的执行去触发　　图 4.3.63 利用 Detacher 的执行去触发

在"I/O 连接"的下方，单击"添加 I/O Connection"，打开"添加 I/O Connection"对话框，并按图 4.3.64 进行设置，单击"确定"。即利用锁定的输出信号去触发组件本身的真空反馈信号。

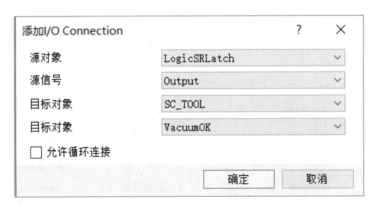

图 4.3.64 利用锁定的输出信号去触发

8. 检测动态夹具仿真效果

经过上述设置，夹具的相关设置已完成，可以手动检测动态夹具运行是否符合要求。展开 SC_InFeeder 组件，右键单击"Source"，打开"属性"对话框，取消"Transient"前面的"√"，表示产生拷贝在停止仿真后不会自动消失。单击"应用"，再单击"关闭"，如图 4.3.65 所示。

在"仿真"选项卡界面中，打开"仿真设定"窗口，只选择"SC_InFeeder"项，单击"关闭"，如图 4.3.66 所示。

图 4.3.65　Source 属性的设定

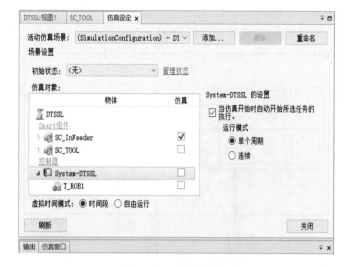

图 4.3.66　仿真设定

单击"播放"，右键单击"SC_InFeeder"，打开属性对话框，如图 4.3.67 所示。单击"StartCNV"，使之由"1"变为"0"，如图 4.3.68 所示。再单击"StartCNV"，使之由"0"变为"1"，则 Source 就会产生一个拷贝并沿输送链运行到末端停下来，再单击"停止"按钮，退出仿真，如图 4.3.69 所示。若不退出仿真，当拾起一个拷贝后又会自动产生一个新的拷贝。

图 4.3.67　SC_InFeeder 设置一

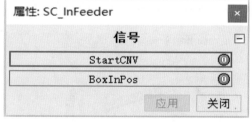

图 4.3.68　SC_InFeeder 设置二

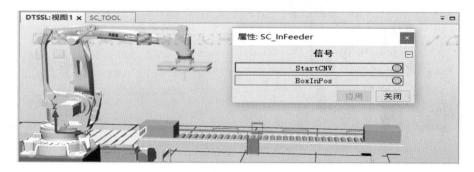

图 4.3.69　SC_InFeeder 属性的设置

167

回到"基本"选项卡，单击"手动线性"工具，在视图中单击机器人工具，再将机器人工具移动到输送链末端的产品源拷贝上，恰好抓住的位置（X=1200，Y=0，Z=970），右键单击"LineSensor"，打开"属性：LineSensor"对话框，激活线性传感器，表示安装在工具上的线性传感器能够检测到产品源拷贝，即在"SensedPart"项下面的方框出现产品源拷贝"Body_Source_1"，如图 4.3.70 所示。

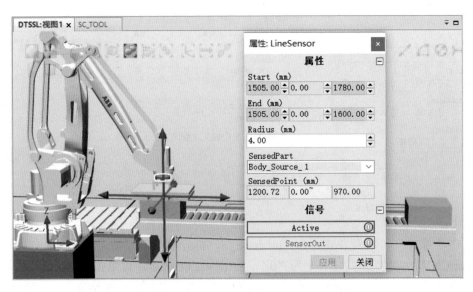

图 4.3.70　将机器人线性运动至抓取位置

右键单击"SC_TOOL"，打开"属性：SC_TOOL"对话框，激活 Grip1，将机器人工具沿 Z 轴上移，则产品源拷贝也随着上移，如图 4.3.71 所示。

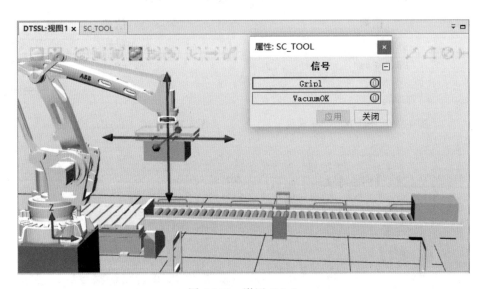

图 4.3.71　激活 Grip1

再单击"Grip1"，将机器人工具沿 Z 轴上移，产品源拷贝却不动，如图 4.3.72 所示。

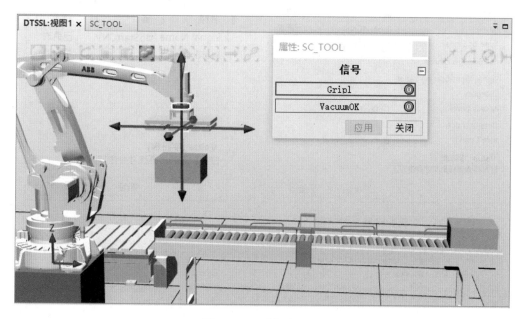

图 4.3.72　不激活 Grip1

五、配置工作站逻辑

在前面已经完成输送链的设置、机器人夹具的设置等操作，接着要完成输送链系统、机器人系统、夹具系统三者之间的逻辑关系的配置，才能实现码垛工作站的动画效果。

工作站逻辑的配置为：将 Smart 组件的输入 / 输出信号与机器人端的输入 / 输出信号作信号关联，Smart 组件的输出信号作为机器人端的输入信号，机器人端的输出信号作为 Smart 组件的输入信号。

1. 创建机器人系统 I/O 信号

（1）启动信号 doStartCNV

打开"控制器"选项卡，单击"配置管理器"→"I/O System"，打开"配置－I/O System"窗口。右键单击"Signal"，选择"新建 Signal…"，弹出"实例编辑器"对话框，如图 4.3.73 所示。在"Name"项输入"doStartCNV"，在"Type of Signal"项选择"Digital Output"，单击"确定"，则创建了一个名为 doStartCNV 的数字输出信号，用作启动信号。

右键单击"System Output"，选择"新建 System Output…"，弹出"实例编辑器"对话框，如图 4.3.74 所示。在"Signal Name"项选择"doStartCNV"，在"Status"项选择"Motor On"，单击"确定"按钮，则建立机器人系统输出"电动机开启"与机器人系统输出信号 doStartCNV 的关联，如图 4.3.75 所示。

图 4.3.73 实例编辑器"对话框

图 4.3.74 电动机开启设置

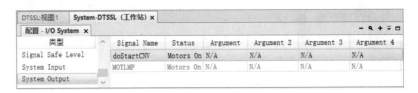

图 4.3.75 信号关联

（2）产品到位信号 diBoxInPos

右键单击"Signal"，选择"新建 Signal…"，弹出"实例编辑器"对话框，如图 4.3.76 所示。在"Name"项输入"diBoxInPos"，在"Type of Signal"项选择"Digital Input"，单击"确定"，则创建了一个名为 diBoxInPos 的数字输入信号，用作产品到位信号。

（3）真空反馈信号 diVacuumOK

右键单击"Signal"，选择"新建 Signal…"，弹出"实例编辑器"对话框，如图 4.3.77 所示。在"Name"项输入"diVacuumOK"，在"Type of Signal"项选择"Digital Input"，单击"确定"，则创建了一个名为 diVacuumOK 的数字输入信号，用作真空反馈信号。

图 4.3.76 实例编辑器对话框

图 4.3.77 真空反馈信号设置

170

（4）控制真空吸盘动作信号 doGripper

右键单击"Signal"，选择"新建 Signal…"，弹出"实例编辑器"对话框，如图 4.3.78 所示。在"Name"项输入"doGripper"，在"Type of Signal"项选择"Digital Output"，单击"确定"，则创建了一个名为 doGripper 的数字输出信号，用作控制真空吸盘动作。

创建四个 I/O 信号后，热启动控制器，I/O 信号才生效，如图 4.3.79 所示。

图 4.3.78 创建 doGripper

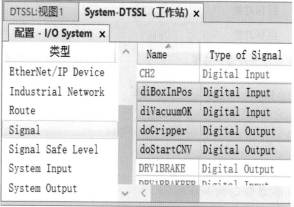

图 4.3.79 Signal 窗口

2. 配置工作站逻辑

进入"仿真"界面，单击"工作站逻辑"，打开"工作站逻辑"窗口。打开"信号和连接"窗口，在"I/O 连接"下方，单击"添加 I/O Connection"，打开"添加 I/O Connection"对话框，源对象选择机器人系统"System-DTSSL"，源信号为机器人系统控制真空吸盘动作的输出信号"doGripper"，目标对象选择 Smart 夹具"SC_TOOL"，下一行的目标对象选择 Smart 夹具的动作信号"Grip1"，然后单击"确定"，如图 4.3.80 所示。即利用机器人系统控制真空吸盘动作的输出信号去控制"SC_TOOL"组件的动作信号"Grip1"。

单击"添加 I/O Connection"，打开"添加 I/O Connection"对话框，源对象选择机器人系统"System-DTSSL"，源信号为机器人系统的启动信号"doStartCNV"，目标对象选择输送链系统"SC_InFeeder"，下一行的目标对象选择机器人系统的产品到位信号"StartCNV"，如图 4.3.81 所示。即利用机器人系统的启动信号去控制输送链系统的启动信号。

单击"添加 I/O Connection"，打开"添加 I/O Connection"对话框，源对象选择 Smart 夹具"SC_TOOL"，源信号为 Smart 夹具的真空反馈信号"VacuumOK"，目标对象选择"System-DTSSL"，下一行的目标对象选择"diVacuumOK"，如图 4.3.82 所示。即利用工具系统的真空反馈信号去关联机器人系统的真空反馈信号。

单击"添加 I/O Connection"，打开"添加 I/O Connection"对话框，源对象选择输送链系统"SC_InFeeder"，源信号为输送链系统的产品到位信号"BoxInPos"，目标对象选择"System_DTshusonglian"，下一行的目标对象选择"diBoxInPos"，如图 4.3.83 所示。

171

即利用输送链系统的产品到位信号去关联机器人系统的产品到位信号。

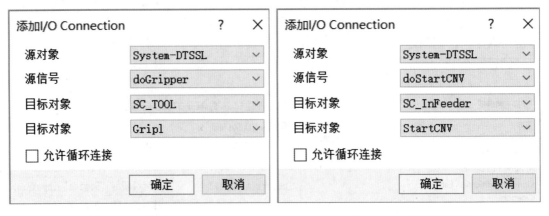

图 4.3.80　控制 Grip1　　　　　　　　　　图 4.3.81　控制启动信号

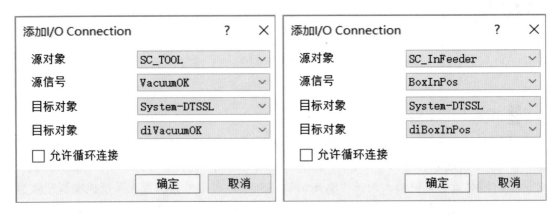

图 4.3.82　关联真空反馈信号　　　　　　　图 4.3.83　关联到位信号

六、机器人路径编程

1. 设置运动参数

单击"基本"→"路径"→"空路径"，创建一条路径 Path_10，在软件窗口的下边沿修改运动参数如下：　MoveL ▾ * v300 ▾ fine ▾ tGripper ▾ \WObj:=wobj0 ▾

2. 示教搬运路径

要示教的点如图 4.3.84 所示。示教顺序依次为 A→B→A→C→D→C→A→B→A→E→F→E→A。

在图中，A、C、E 点应在同一水平面上，即 Z 轴的基本值一致；A 点处于机械原点的正下方；B 点处于拷贝的正上方，是夹具与拷贝恰好接触的位置；C 点在摆放位置的正上方；D 点是摆放位置，恰好与拷贝接触；E、F 点分别对应 C、D 点。相关参数：托盘

172

高度为343；输送链高度为770；输送链位置：X=1000，Y=-200，Z=0；拷贝源物体长度为400，宽度为360，高度为200。

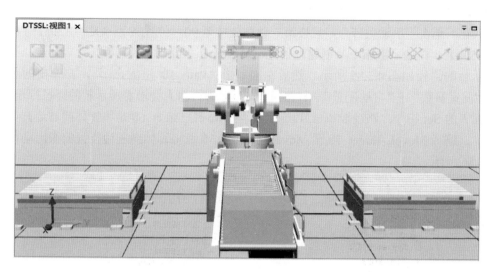

图 4.3.84　示教顺序

机器人机械回零，以下示教点的数据为参考数据，路径编程示教方法如下：

（1）单击"手动线性"，将机器人工具移动到 A 点（X = 1505，Y = 0，Z = 1500），单击示教指令，创建一条 MoveL Target_10 指令。

（2）单击"手动线性"，将机器人工具移动到 B 点（X = 1200，Y = 0，Z = 969），单击示教指令，创建一条 MoveL Target_20 指令。

（3）单击"手动线性"，将机器人工具移动到 A 点（X = 1505，Y = 0，Z = 1500），单击示教指令，创建一条 MoveL Target_30 指令。

（4）单击"手动关节"，点按第一轴，并旋转至 90°位置 C 点（X = 0，Y = 1505，Z = 1500），单击示教指令，创建一条 MoveL Target_40 指令。

（5）单击"手动线性"，将机器人工具移动到 D 点（X = 0，Y = 1505，Z = 543），单击示教指令，创建一条 MoveL Target_50 指令。

（6）单击"手动线性"，将机器人工具移动到 C 点（X = 0，Y = 1505，Z = 1500），单击示教指令，创建一条 MoveL Target_60 指令。

（7）单击"手动关节"，点按第一轴并旋转至 90°位置 A 点（X = 1505，Y = 0，Z = 1500），单击示教指令，创建一条 MoveL Target_70 指令。

（8）单击"手动线性"，将机器人工具移动到 B 点（X = 1200，Y = 0，Z = 969），单击示教指令，创建一条 MoveL Target_80 指令。

（9）单击"手动线性"，将机器人工具移动到 A 点（X = 1505，Y = 0，Z = 1500），单击示教指令，创建一条 MoveL Target_90 指令。

（10）单击"手动关节"，点按第一轴并旋转至 90°位置 E 点（X = 0，Y = -1505，Z = 1500），单击示教指令，创建一条 MoveL Target_100 指令。

（11）单击"手动线性"，将机器人工具移动到 F 点（X = 0，Y = -1505，Z =

543），单击示教指令，创建一条 MoveL Target_110 指令。

（12）单击"手动线性"，将机器人工具移动到 E 点（X = 0，Y = -1505，Z = 1500），单击示教指令，创建一条 MoveL Target_120 指令。

（13）单击"手动关节"，点按第一轴并旋转至 90°位置 A 点（X = 1505，Y = 0，Z = 1500），单击示教指令，创建一条 MoveL Target_130 指令。

示教的路径如图 4.3.85 所示。然后左键单击"Path_10(进入点)"，在弹出的菜单中选择"配置参数"→"自动配置"，若路径无问题，则机器人会沿着所示教的路径行走一遍。

插入的 Set 指令。路径 MoveL Target_10 至 MoveL Target_60 是将物体向右边托盘的搬运动作，路径 MoveL Target_70 至 MoveL Target_130 是将物体向左边托盘的搬运动作，如图 4.3.86 所示。

图 4.3.85　示教路径

图 4.3.86　插入的 Set 指令

3. 插入逻辑指令

（1）插入 WaitDI 指令

示教好路径后，还需要对路径进行编程，使之达到搬运要求。插入 WaitDI 指令，是等待产品到达输送链末端碰触到传感器，传感器发出产品到位信号时，机器人才去搬运产品。

右键单击起始点 MoveL Target_10，在弹出的菜单中选择"插入逻辑指令…"，打开"创建逻辑指令"对话框，如图4.3.87所示。在"指令模板"项目中选择"WaitDI Default"，在"指令参数"项目中的"Signal"项中选择"diBoxInPos"，"Value"项输入"1"，单击"创建"按钮，然后关闭对话框。

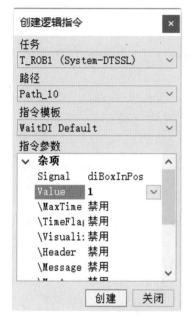

图4.3.87　创建逻辑指令对话框

图4.3.88　Set Default 设置

图4.3.89　Reset Default 设置

（2）插入 Set 指令

当机器人下降使夹具恰好接触到产品时，插入 Set 指令，置位控制真空吸盘动作信号，使夹具吸紧产品，以便搬运。

右键单击起始点 MoveL Target_20，在弹出的菜单中选择"插入逻辑指令…"，打开"创建逻辑指令"对话框，如图4.3.88所示。在"指令模板"项目中选择"Set Default"，在"指令参数"项目中，"Signal"项中选择"doGripper"，单击"创建"按钮，然后关闭对话框。。

（3）插入 Reset 指令

当机器人下降产品的摆放位置时，插入 Reset 指令，复位控制真空吸盘动作信号，使夹具放下产品，完成搬运动作。

右键单击起始点 MoveL Target_50，在弹出的菜单中选择"插入逻辑指令…"，打开"创建逻辑指令"对话框，如图4.3.89所示。在"指令模板"项目中选择"Reset Default"，在"指令参数"项目中，"Signal"项中选择"doGripper"，单击"创建"按钮，然后关闭对话框。

七、同步到 RAPID

在基本选择卡中，单击"同步"→"同步到 RAPID"，打开"同步到 RAPID"对话框，所有项均打"√"，如图4.3.90所示。

图 4.3.90　同步到 RAPID 对话框

八、仿真设定与仿真

1. 仿真设定

　　打开"仿真"选择卡，单击"仿真设定"，打开"仿真设定"窗口，单击"System-DTSSL"，在运行模式下选择"单个周期"，如图 4.3.91 所示。单击"T_ROB1"，在"进入点"选择"Path_10"，如图 4.3.92 所示，然后关闭"仿真设定"窗口。

图 4.3.91　仿真设定 - System-DTSSL—运行模式

图 4.3.92　仿真设定 - System-DTSSL-T_ROB1

2. 仿真

单击"播放"按钮，即可观察仿真运行效果，也可单击"播放"→"录制视图"，将仿真运行视图进行录像，形成可以直接播放的视频。

九、技能实训

为了更加深刻理解本次任务中的知识点，掌握本次任务的操作技能，设置了具有典型学习意义的两个实训，分别是输送链搬运工作站模型的构建，以及输送链搬运工作站的创建与仿真。

实训一：输送链搬运工作站模型的构建

【实训目的】学会利用 RobotStudio6.0 软件的"建模"菜单中的"固体"工具，创建机器人基座；学会利用"基本"菜单中的"导入模型库"，导入围栏组件、左右托盘、输送链；学会创建物体源；学会保存工作站，学会将工作站共享打包。

【实训准备】装有 RobotStudio6.0 软件的计算机。

【操作步骤】

1）创建机器人系统；

2）创建机器人基座；

3）导入机器人工具；

4）导入围栏组件；

5）导入左右托盘；

6）导入输送链；

7）创建物体源；

8）保存；

9）共享打包；

10）填写实训报告。

【实训报告】详细记录实训过程和实训结果。

实训二：输送链搬运工作站的创建与仿真

【实训目的】在实训一的基础上，学会创建输送链系统 Smart 组件；学会创建夹具系统 Smart 组件；学会配置工作站逻辑；学会机器人搬运路径的示教与编程，完成机器人自动搬运的仿真。

【实训准备】装有 RobotStudio6.0 软件的计算机。

【操作步骤】

1）打开实训一中所创建的机器人工作站；

2）创建输送链系统 Smart 组件；

3）创建夹具系统 Smart 组件；

4）配置工作站逻辑；

5）机器人搬运路径的示教与编程；

6）同步到 RAPID；

7）仿真设定；

8）仿真；

9）共享打包；

10）填写实训报告。

【实训报告】详细记录实训过程和实训结果。

习　题

一、填空题

1. 示教器在线编程主要采用_____法，根据工艺精度要求去示教相应数量的目标点，从而生成机器人运行轨迹。

2. 创建工件坐标是采用"_____"法进行，即在工件上的某一个平面，选择 X 轴第一个点，再选择 X 轴第二个点，然后选择 Y 轴上的一个点。

3. 在离线轨迹编程中，最为关键的三步是图形曲线、_____、轴配置调整。

4. 在_____选项卡中可以打开"事件管理器"。

5. 在_____选项卡中可以打开"Smart 组件"。

6. 在_____选项卡和_____选项卡中，可以进行"同步到 RAPID"操作。

7. 在运动参数设置中，让机器人做直线运动应选择_____指令，做关节运动应选择 _____指令，做圆弧运动应选择_____指令。

8. 在运动参数设置中，z50 表示机器人的转弯区尺寸为_____。

9. 在运动参数设置中，v1000 表示机器人的运行速度为_____。

二、简答题

1. 如何创建工件坐标？

2. 如何共享打包所建立的机器人工作站？

3. 如何查找所需的库文件？

项目五　机器人典型工作站的应用

任务1　装配工作站

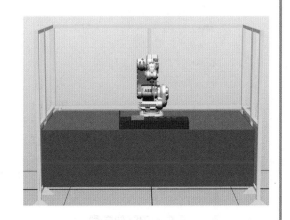

知识目标

1）了解工业机器人装配工作站布局；
2）了解工作站 I/O 配置；
3）理解程序数据；
4）理解目标点含义。

技能目标

1）学会装配常用 I/O 配置；
2）学会程序数据创建；
3）学会导入模型库；
4）学会程序调试；
5）学会装配工作站程序编写。

一、任务描述

本工作站以装配零配件为例，利用 IRB140 机器人在工作台上拾取零配件，将不同规格的零配件放置于工件上对应的配件槽位置，以便周转至下一工位进行处理。本工作站中已经预设了吸盘夹具的拾取与释放动作效果，读者需要在此工作站中依次完成 I/O 配置、程序数据创建、目标点示教、程序编写及调试等步骤，最终完成整个装配工作站的装配过程。通过本任务的学习，使读者学会工业机器人的装配应用，学会工业机器人装配程序的编写技巧。

ABB 机器人在装配方面有众多成熟的解决方案，在 3C、食品、医药、化工、金属加工等领域均有广泛运用，涉及物流输送、周转、仓储等。采用机器人装配可以大幅提高生产率、节省劳动力成本、提高定位精度并降低装配过程中的产品损坏率。

二、任务实施

1. 工作站解包

1）在"文件"功能选项卡中，选择"共享"，单击"解包"，如图5.1.1所示。

图 5.1.1　共享—解包

2）在弹出"欢迎使用解包向导"对话框，单击"下一个"按钮，如图5.1.2所示。

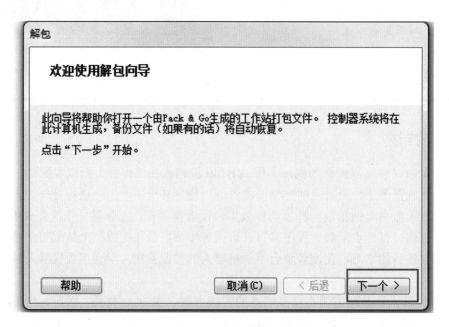

图 5.1.2　解包导向

3）通过"浏览"按钮选择要解包的工作站文件 Solution_Assembled_A.rspag。如图 5.1.3 所示。

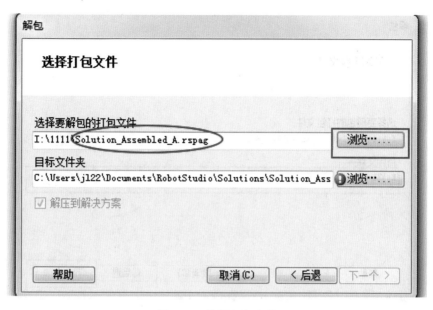

图 5.1.3　选择打包文件

4）此时我们发现第二个"浏览"有感叹号，同时"下一个"按钮为灰色，警告用户此文件夹不可用，必须新建一个文件夹，且不能包含中文字符。如图 5.1.4 所示。

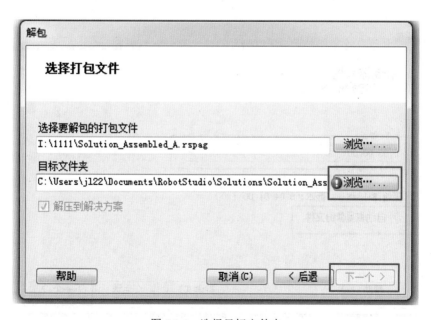

图 5.1.4　选择目标文件夹

5）通过新建"目标文件夹"后，可以看见"感叹号"消失。并点击"下一个"，如图 5.1.5 所示。

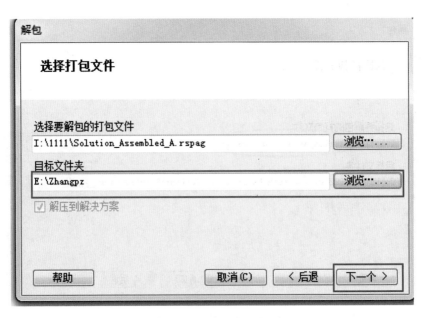

图 5.1.5　新建目标文件夹

6）选择 RobotWare 版本（要求最低版本为 6.03.00），勾上"自动恢复备份文件"，如图 5.1.6 所示，单击"下一个"按钮。

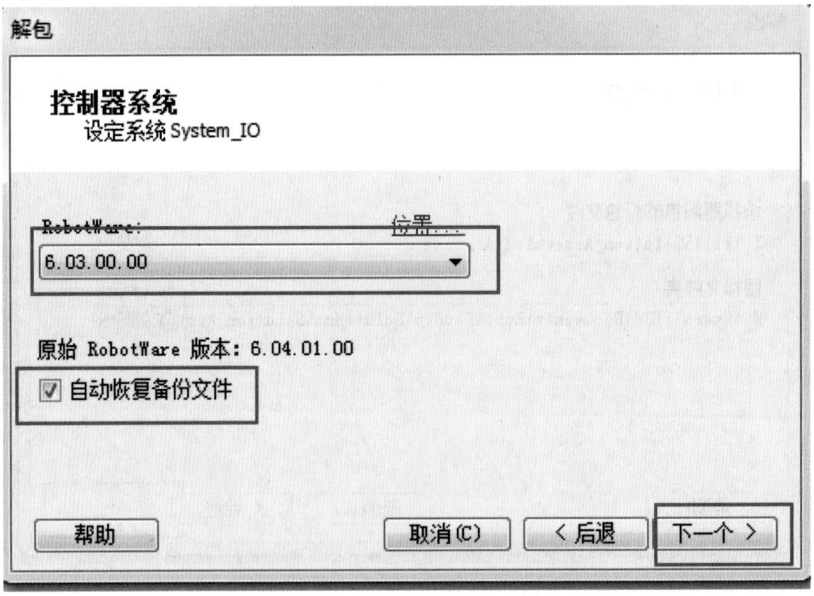

图 5.1.6　自动回复备份文件

7）解包就绪后，单击"完成"按钮，如图 5.1.7 所示。

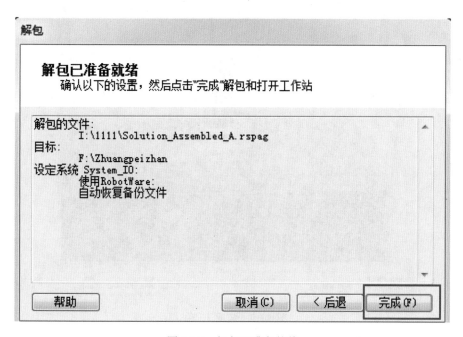

图 5.1.7　解包已准备就绪

8）确认后，单击"关闭"按钮，如图 5.1.8 所示。

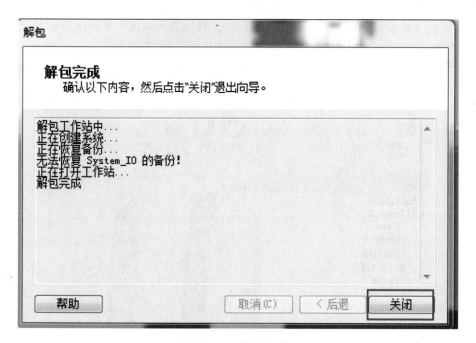

图 5.1.8　解包完成

9）解包完成后，在主窗口显示整个装配工作站，如图 5.1.9 所示。

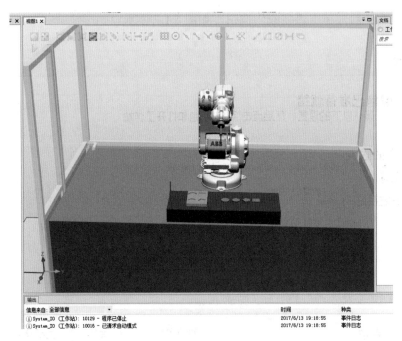

图 5.1.9　装配工作站

2. 创建备份并执行 I 启动

现有工作站中已包含创建好的参数和 RAPID 程序。从零开始练习建立工作站的配置工作，需要先将此系统做备份，之后执行 I 启动，将机器人系统恢复到出厂初始状态。

1）在"控制器"菜单中打开"备份"，如图 5.1.10 所示。

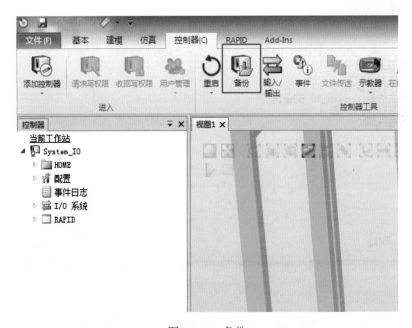

图 5.1.10　备份

2）然后单击"创建备份"，如图 5.1.11 所示。

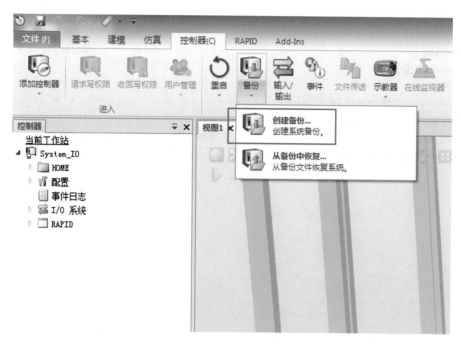

图 5.1.11　备份弹框

3）为备份重新命名，并选定保存的位置，单击"备份"按钮，如图 5.1.12 所示。

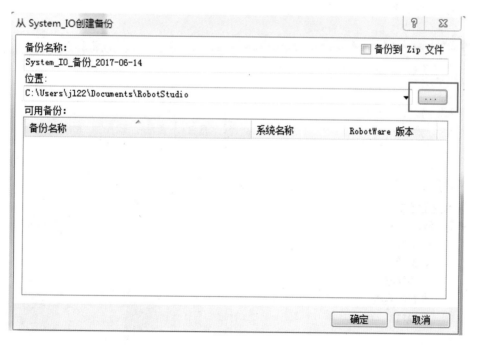

图 5.1.12　System_IO 创建备份—选定保存位置

4）单击"确定"按钮，如图 5.1.13 所示。

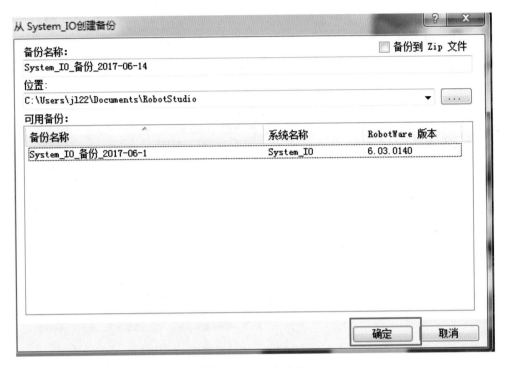

图 5.1.13　点击确定

5）在"控制器"菜单中，单击"重启"，如图 5.1.14 所示。

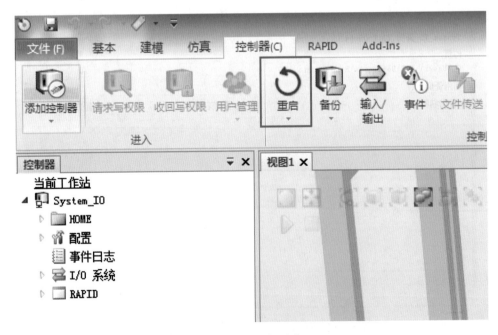

图 5.1.14　选择重启

6）然后选择"I 启动"，如图 5.1.15 所示。

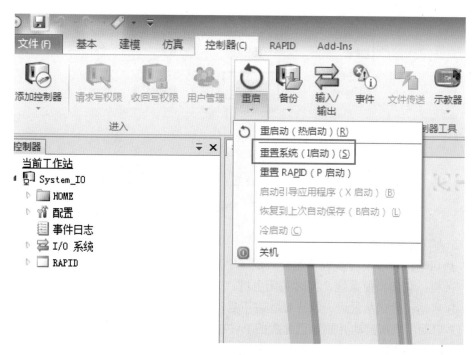

图 5.1.15　选择重置系统

7）然后选择"确定"，如图 5.1.16 所示。

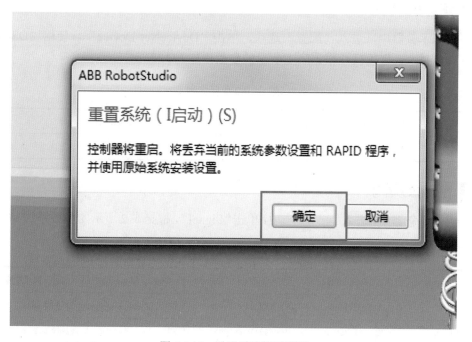

图 5.1.16　重置系统提示弹框

8）系统成功启动后，后再右下角看见，已经启动的标志，如图 5.1.17 所示。

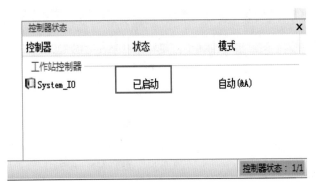

图 5.1.17　控制器状态

重启动类型介绍如下：

1）热启动：修改系统参数及配置后使其生效。

2）关机：关闭当前系统，同时关闭主机。

3）B 启动：尝试从最近一次无错状态下启动系统。

4）P 启动：重新启动并删除已加载的 PAPID 程序。

5）I 启动：重新启动，恢复至出厂设置。

6）C 启动：重新启动并删除当前系统。

7）X 启动：重新启动，装载系统或选择其他系统，修改 IP 地址。

3. 配置 I/O 单元

在虚拟示教器中，进入"配置"选项，单击"DeviceNet Device"，使用"DSQC 652 24 VDC I/O Device"模板，根据表 1 所示的参数添加 I/O 单元。

表 1　I/O 单元参数

Name	Address
d652	10

4. 配置 I/O 信号

在虚拟示教器中，进入"配置"选项，单击"Signal"，根据表 2 所示的参数添加 I/O 信号。

表 2　I/O 信号参数

Name	Type of Signal	Assigned to Device	Device Mapping	I/O 信号注释
do01_up	Digital Output	d652	32	夹具拾取信号
do02_down	Digital Output	d652	33	夹具释放信号
do03_reset	Digital Output	d652	34	复位工作站布局信号

188

5. 配置系统输入输出

在虚拟示教器中，进入"配置"选项，单击"System Input"，根据表 3 所示的参数配置系统输入信号。

表 3　系统输入信号参数

Signal Name	Action	Argument1	信号注释
di04_Start	Start	Continuous	程序启动
di05_Stop	Stop	无	程序停止
di06_StartMain	StartMain	Continuous	从主程序启动
di07_ResetEstop	ResetEstop	无	急停状态恢复
di08_MotorOn	MotorOn	无	电机上电

在虚拟示教器中，进入"配置"选项，单击"System Output"，根据表 4 所示的参数配置系统输出信号。

表 4　系统输出信号参数

Signal Name	Action	Argument1	信号注释
do40_Start	Auto On	无	程序启动

6. 创建工具数据

在虚拟示教器中，进入"手动操纵"选项，单击"工具坐标"，根据表 5 所示的参数设定工具数据 tGripper。示例如图 5.1.18 所示。

表 5　工具数据参数

参数名称	参数值
Robothold	TRUE
Trans	
X	0
Y	0
Z	92.85
rot	
q1	1
q2	0
q3	0
q4	0
mass	1

参数名称	参数值
cog	
X	0
Y	0
Z	1
其余参数均为默认设置	

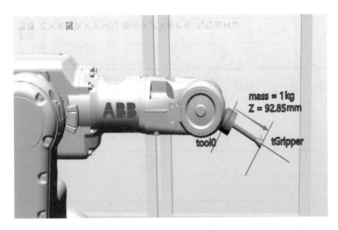

图 5.1.18 配置系统输入输出设置

7. 创建工件坐标系数据

在本工作站中，工件坐标系均采用用户三点法创建。工件坐标系 WobjBuffer 设置如图 5.1.19 所示。

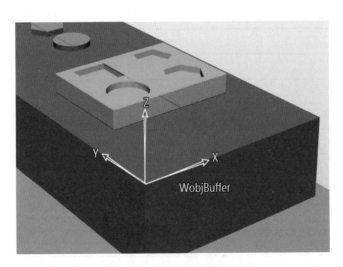

图 5.1.19 工件坐标系设置

8. 创建载荷数据

在虚拟示教器中，根据"表6"的参数设定载荷数据 LoadFull.。示例如图 5.1.20 所示。

表 6   载荷数据 LoadFull 参数

参数名称	参数值
Mass	0.5
cog	
X	0
Y	0
Z	3.5
其余参数均为默认值	

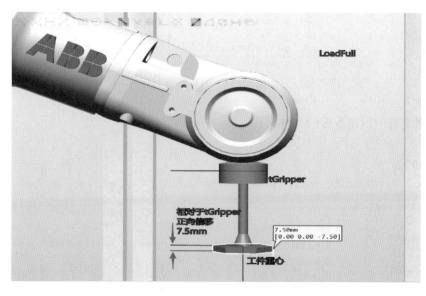

图 5.1.20   创建载荷数据

9. 导入程序模板

在之前创建的备份文件中包含了本工作站的 RAPID 程序模板。此程序模板已能够实现本工作站机器人的完整逻辑及动作控制，只需对几个位置点进行适当的修改，即可正常运行。

注意：若导入程序模板时，提示工具数据、工件坐标数据和有效载荷数据命名不正确，则在手动操纵界面中将之前设定的数据删除，再进行导入程序模板的操作。

可以通过虚拟示教器导入程序模块，也可以在 RobotStudio "控制器"菜单中通过鼠标右键菜单"加载模块"来导入，这里以软件操作为例来介绍加载程序模块的步骤，如图 5.1.21 ～图 5.1.24 所示。

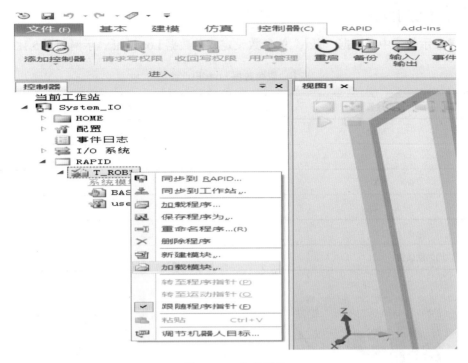

图 5.1.21　加载模块

浏览至之前所创建备份的文件夹：

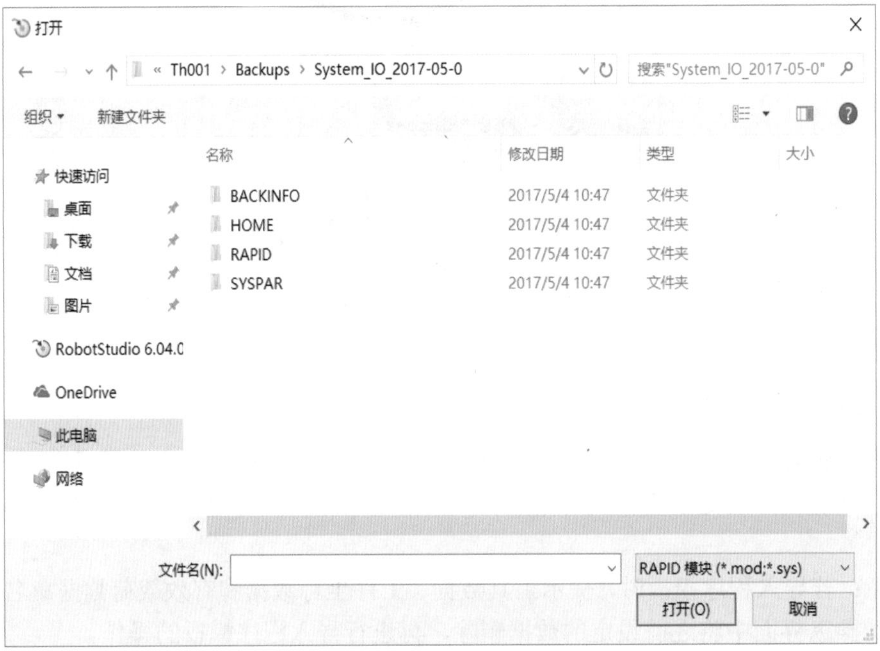

图 5.1.22　浏览备份文件夹

说明：备份文件夹中共有四个文件夹和一个文件。

BACKINFO：备份信息。

HOME：机器人硬盘上的 HOME 文件夹。

RAPID：机器人 RAPID 程序。

SYSPAR：机器人配置参数。

System.xml：机器人系统信息。

然后，打开文件夹"RAPID"——"TASK1"——"PROGMOD"，找到程序模块"MainMoudle.mod"，选中"MainModle.mod"，单机"打开"按钮，如图 5.1.23 所示。

图 5.1.23　找到 MainModle.mod

跳出"同步到工作站"对话框，勾选全部，单击"确定"按钮，完成加载程序模块的操作。

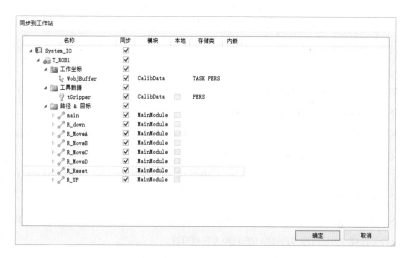

图 5.1.24　同步到工作站对话框

在 RobotStudio 中，为保证虚拟控制器中的数据与工作站数据一致，需要将虚拟控制器与工作站数据进行同步。当虚拟示教器进行数据修改后，则需要执行"同步到工作站"，反之，则需要执行"同步到 RAPID"。

10. 程序注解

本工作站要实现的动作是机器人在工作台上拾取零配件，将不同规格的零配件放置于工件上对应的配件槽位置，以便周转至下一工位进行处理。

在熟悉了此 RAPID 程序后，可以根据实际的需要在此程序的基础上做适用性的修改，以满足实际逻辑与动作的控制。

以下是实现机器人逻辑和动作控制的 RAPID 程序：

```
MODULE MainModule
    ! 定义有效何在数据 LoadFull
    TASK PERS loaddata LoadFull:=[0.5,[0,0,3.5],[1,0,0,0],0,0,0];
    ! 定义工具坐标系数据 tGripper
    PERS tooldata tGripper:=[TRUE,[[0,0,92.853],[1,0,0,0]],[1,[0,0,1], [1,0,0,0],0,0,0]];
    ! 定义工作台工件坐标系 WobjBuffer
     TASK PERS wobjdata WobjBuffer:=[FALSE,TRUE,"　",[[382.113,-376.98,116. 955],
[1,0,0,0]],[[0,0,0],[1,0,0,0]]];
    ! 需要示教的目标点数据，抓取点分别为 pA1、pB1、pC1、pD1，放置基准点分别
为 pA2、pB2、pC2、pD2，Home 点 pHome，初始化进入点 pWait
    CONST robtarget pWait:=[[67.887049553,376.98,437.192],[0.000000157,0,1,0],[0,0,0,0]
,[9E+09,9E+09,9E+09,9E+09,9E+09,9E+09]];
    CONST robtarget pA1:=[[157.907997802,412.65,14.585367488],[0.000000157,0,1,0],
[0,0,0,0],[9E+09,9E+09,9E+09,9E+09,9E+09,9E+09]];
    CONST robtarget pA2:=[[100.001,173.489,24.500367488],[0.000000157,0,1,0],[0,0,0,0],
[9E+09,9E+09,9E+09,9E+09,9E+09,9E+09]];
    CONST robtarget pB1:=[[157.880997645,489.198,15.585367488],[0.000000157,0,1,0],
[0,0,0,0],[9E+09,9E+09,9E+09,9E+09,9E+09,9E+09]];
    CONST robtarget pB2:=[[199.995,173.492,25.001367488],[0.000000157,0,1,0],[0,0,0,0],
[9E+09,9E+09,9E+09,9E+09,9E+09,9E+09]];
    CONST robtarget pC1:=[[154.377997645,564.195,15.585367488],[0.000000157,0,1,0],
[0,0,0,0],[9E+09,9E+09,9E+09,9E+09,9E+09,9E+09]];
    CONST robtarget pC2:=[[200.001,248.489,25.000367488],[0.000000157,0,1,0],[0,0,0,0],
[9E+09,9E+09,9E+09,9E+09,9E+09,9E+09]];
    CONST robtarget pD1:=[[154.395997645,631.884,15.585367488],[0.000000157,0,1,0],
[0,0,0,0],[9E+09,9E+09,9E+09,9E+09,9E+09,9E+09]];
    CONST robtarget pD2:=[[100,245.989,25.000367488],[0.000000157,0,1,0],[0,0,0,0],
```

```
[9E+09,9E+09,9E+09,9E+09,9E+09,9E+09]];
        CONST robtarget pHome:=[[134.604420338,376.98,249.749460842],
[-0.000000342,0,1,0],[0,0,0,0],[9E+09,9E+09,9E+09,9E+09,9E+09,9E+09]];
    ! 主程序
    PROC main()
      ! 调用复位程序，使工作站进入准备状态
      R_Reset;
      ! 利用 WHILE 循环将初始化程序隔开
      WHILE TRUE DO
        ! 复位工件初始位置
        PulseDO\PLength:=0.2,do03_reset;
        ! 调用工件 A 的拾取放置程序
        R_MoveA;
        ! 调用工件 B 的拾取放置程序
        R_MoveB;
        ! 调用工件 C 的拾取放置程序
        R_MoveC;
        ! 调用工件 D 的拾取放置程序
        R_MoveD;
        WaitTime 0.5;
      ENDWHILE
    ENDPROC
    ! 拾取信号设置程序
    PROC R_UP()
      ! 复位放置信号 do02_down
      Reset do02_down;
      WaitTime 0.5;
      ! 置位拾取信号 do01_up
      Set do01_up;
      WaitTime 0.5;
    ENDPROC
    ! 释放信号设置程序
    PROC R_down()
      ! 复位拾取信号 do01_up
      Reset do01_up;
      WaitTime 0.5;
      ! 置位拾取信号 do02_down
      Set do02_down;
```

```
        WaitTime 0.5;
    ENDPROC
    ! 复位程序，使工作站进入准备状态
    PROC R_Reset()
        ! 通过脉冲信号 do03_reset, 复位工件初始位置
        PulseDO\PLength:=0.2,do03_reset;
        Reset do01_up;
        Reset do02_down;
        ! 通过 MoveJ 指令，使机器人进入 pHome 点
        MoveJ pHome,v1000,z50,tGripper\WObj:=WobjBuffer;
        ! 通过 MoveAbsJ 指令，将机器人第五关节调整为垂直向下 90 度
        MoveAbsJ [[0,0,0,0,90,0],[9E+09,9E+09,9E+09,9E+09,9E+09,9E+09]]\
NoEOffs,v1000,z50,tGripper\WObj:=WobjBuffer;
    ENDPROC
    ! 工件 A 的拾取放置程序
    PROC R_MoveA()
        MoveJ pHome,v1000,z50,tGripper\WObj:=WobjBuffer;
        MoveJ pA1,v1000,fine,tGripper\WObj:=WobjBuffer;
        ! 调用拾取信号设置程序
        R_UP;
        MoveJ pHome,v1000,z50,tGripper\WObj:=WobjBuffer;
        MoveJ pA2,v1000,fine,tGripper\WObj:=WobjBuffer;
        ! 调用释放信号设置程序
        R_down;
        MoveJ pHome,v1000,z50,tGripper\WObj:=WobjBuffer;
    ENDPROC
    ! 工件 B 的拾取放置程序
    PROC R_MoveB()
        MoveJ pHome,v1000,z50,tGripper\WObj:=WobjBuffer;
        MoveJ pB1,v1000,fine,tGripper\WObj:=WobjBuffer;
        R_UP;
        MoveJ pHome,v1000,z50,tGripper\WObj:=WobjBuffer;
        MoveJ pB2,v1000,fine,tGripper\WObj:=WobjBuffer;
        R_down;
        MoveJ pHome,v1000,z50,tGripper\WObj:=WobjBuffer;
    ENDPROC
    ! 工件 C 的拾取放置程序
    PROC R_MoveC()
```

```
    MoveJ pHome,v1000,z50,tGripper\WObj:=WobjBuffer;
    MoveJ pC1,v1000,fine,tGripper\WObj:=WobjBuffer;
    R_UP;
    MoveJ pHome,v1000,z50,tGripper\WObj:=WobjBuffer;
    MoveJ pC2,v1000,fine,tGripper\WObj:=WobjBuffer;
    R_down;
    MoveJ pHome,v1000,z50,tGripper\WObj:=WobjBuffer;
  ENDPROC
  !工件 D 的拾取放置程序
  PROC R_MoveD()
    MoveJ pHome,v1000,z50,tGripper\WObj:=WobjBuffer;
    MoveJ pD1,v1000,fine,tGripper\WObj:=WobjBuffer;
    R_UP;
    MoveJ pHome,v1000,z50,tGripper\WObj:=WobjBuffer;
    MoveJ pD2,v1000,fine,tGripper\WObj:=WobjBuffer;
    R_down;
    MoveJ pHome,v1000,z50,tGripper\WObj:=WobjBuffer;
  ENDPROC
ENDMODULE
```

11. 程序修改

根据实际情况，若需要在此程序基础上做适应性的修改，可以采取基本的方式，即通过示教器的程序编辑器进行修改，也可以利用 RobotStudio 的 RAPD 编辑器功能直接对程序文本进行编辑，后者更为方便快捷，下面对后者进行相关介绍。

在"RAPID"菜单中，左侧"控制器"窗口中一次展开 System_IO——RAPID——T_ROB1——程序模块，双击需要打开的程序模块 MainMoudle，即可对该模块进行文本编辑，如图 5.1.25 所示。

在 RAPID 编辑器中可以进行添加、复制、粘贴、删除等常规文本编辑操作。若对 RAPID 指令不太熟悉，可单击编辑器工具栏中的"指令"按钮，选择所需添加的指令，同时有语法提示，便于程序语言编辑，如图 5.1.26 所示。

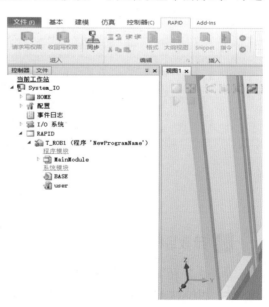

图 5.1.25　打开 MainMoudle

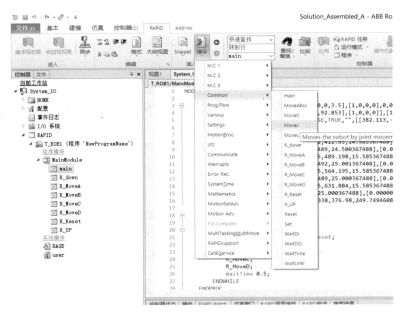

图 5.1.26　common 弹框

编辑完成之后，单机编辑工具栏中的"应用"按钮，即可将所做修改同步至控制系统中，如图 5.1.27 所示。

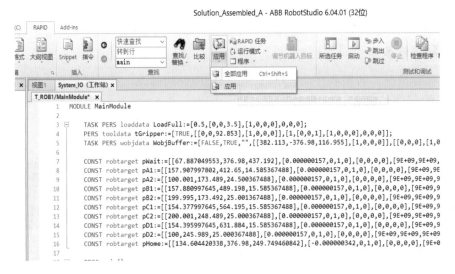

图 5.1.27　应用弹框

12. 示教目标点

在本工作站中，需要示教四个工件的拾取目标点和放置目标点，以及机器人的工作等待点——pHome 点、初始化进入点——pwait 点，如图 5.1.28 ～图 5.1.31 所示。

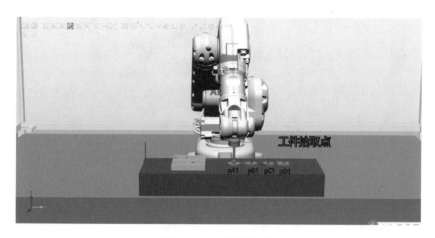

图 5.1.28　工件拾取点

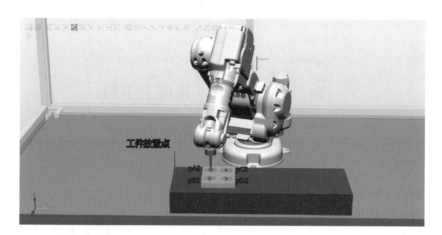

图 5.1.29　工件放置点

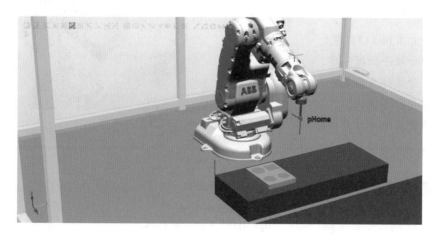

图 5.1.30　pHome 点

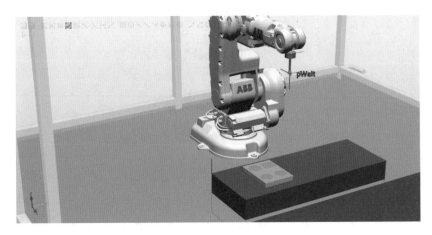

图 5.1.31　pWait 点

示教目标点完成之后，即可进行仿真操作，查看工作站的整个工作流程。

 # 任务 2　机床上下料

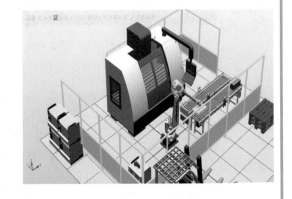

知识目标

1）了解工业机器人机床上下料工作站布局；

2）了解工作站 I/O 配置；

3）理解程序数据；

4）理解目标点含义。

技能目标

1）学会常用 I/O 配置；

2）学会程序数据创建；

3）学会目标点示教；

4）学会程序调试。

5）学会装配工作站程序编写。

一、任务描述

本工作站以机床上下料为例，利用 IRB4600 机器人完成机床上下料任务，工作站中包含一条产品输入线、一条产品输出线。本工作站中已经预设了虚拟机床上下料相关的动作效果，包括产品流动、夹具动作和产品拾放效果，读者需要在此工作站中依次完成 I/O 配置、程序数据创建、目标点示教、程序编写及调试，最终完成整个工作站的机床上下料过程。通过本任务的学习，使读者学会工业机器人的码垛与搬运应用，学会工业机器人机床上下料程序的编写技巧。

ABB 机器人在机床上下料方面有众多成熟的解决方案，包括全系列的紧凑型 4 轴码垛机器人，例如 IRB260、IRB460、IRB660、IRB760，以及 ABB 标准码垛夹具，例如夹板式夹具、吸盘夹式夹具、夹爪式夹具、托盘夹具等，其广泛应用于化工、建材等各行业生产线物料、货物的堆放、放置等。

二、任务实施

1. 工作站解包

找到已下载的工作站压缩包文件 Solution_Machine_A.rspag，如图 5.2.1 所示，参考项目五任务一中任务实施第一节的操作方法，将其进行解压的操作。

2. 创建备份并执行 I 启动

现有工作站中已包含创建好的参数和 RAPID 程序。从零开始练习建立工作站的配置工作，需要先将此系统做一备份，之后执行 I 启动，将机器人系统恢复到出厂初始状态。

1）创建备份，如图 5.2.2 所示。

Solution_Machine_A

图 5.2.1　工作站解压

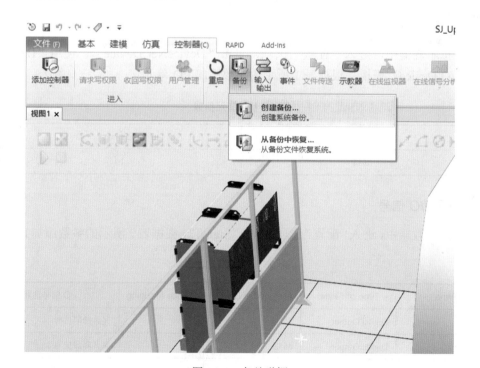

图 5.2.2　备份弹框

201

2）执行 I 启动，如图 5.2.3 所示。

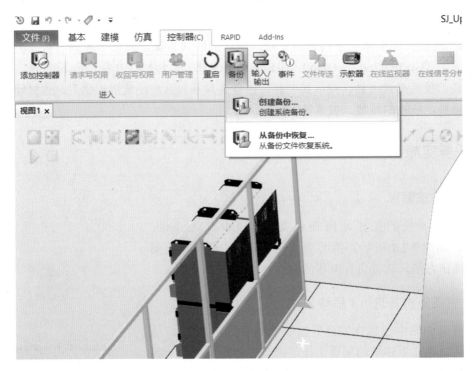

图 5.2.3　执行 I 启动

3. 配置 I/O 单元

在虚拟示教器中，进入"配置"选项，单击"DeviceNet Device"，使用"DSQC 652 24 VDC I/O Device"模板，根据表 1 所示的参数添加 I/O 单元。

表 1　I/O 单元参数

Name	Address
d652	10

4. 配置 I/O 信号

在虚拟示教器中，进入"配置"选项，单击"Signal"，根据表 2 所示的参数添加 I/O 信号。

表 2　I/O 信号参数

Name	Type of Signal	Assigned to Device	Device Mapping	I/O 信号注释
do01_up	Digital Output	d652	32	夹具拾取信号
do02_down	Digital Output	d652	33	夹具释放信号
do03_In_Active	Digital Output	d652	34	输入线激活信号

Name	Type of Signal	Assigned to Device	Device Mapping	I/O 信号注释
do04_Out_Active	Digital Output	d652	35	输出线激活信号
do05_Machine_Active	Digital Output	d652	36	激活机床加工信号
do06_Mdoor_Open	Digital Output	d652	37	激活机床开门信号
do07_Mdoor_Close	Digital Output	d652	38	激活机床关门信号
do47_reset	Digital Output	d652	47	复位工作站布局信号
di01_BoxInPos_In	Digital Input	d652	1	输入线到位信号
di02_BoxInPos_Out	Digital Input	d652	2	输出线到位信号
di03_Machine_OK	Digital Input	d652	3	机床加工完成信号
di04_MotorOn	Digital Input	d652	4	电动机上电（系统输入）
di05_Start	Digital Input	d652	5	程序开始执行（系统输入）
di06_Stop	Digital Input	d652	6	程序停止执行（系统输入）
di07_StartAtMain	Digital Input	d652	7	从主程序执行（系统输入）
di08_EstopReset	Digital Input	d652	8	急停复位（系统输入）
do08_AutoOn	Digital Output	d652	39	电机上电状态（系统输出）
do09_Estop	Digital Output	d652	40	急停状态（系统输出）
do10_CycleOn	Digital Output	d652	41	程序正在运行（系统输出）
do11_Error	Digital Output	d652	42	程序报错（系统输出）

5. 配置系统输入输出

在虚拟示教器中，进入"配置"选项，单击"System Input"，根据表 3 所示的参数配置系统输入信号。

表 3　系统输入信号参数

Signal Name	Action	Argument1	信号注释
di04_MotorOn	Motor On	无	电机上电
di05_Start	Start	Continuous	程序开始执行
di06_Stop	Stop	无	程序停止执行
di07_StartAtMain	Start at Main	Continuous	从主程序开始执行
di08_EstopReset	Reset Emergency stop	无	急停复位

在虚拟示教器中，进入"配置"选项，单击"System Output"，根据表 4 所示的参数配置系统输出信号。

表 4　系统输出信号参数

Signal Name	Action	Argument1	信号注释
do08_AutoOn	Auto On	无	电机上电状态
do09_Estop	Emergency Stop	无	急停状态
do10_CycleOn	Cycle On	无	程序正在运行
do11_Error	Execution error	T_ROB1	程序报错

6. 创建工具数据

在虚拟示教器中，进入"手动操纵"选项，单击"工具坐标"，根据表 5 所示的参数设定工具数据 tGripper。示例如图 5.2.4 所示。

表 5　工具数据参数

参数名称	参数值
Robothold	TRUE
Trans	
X	0
Y	0
Z	160
rot	
q1	1
q2	0
q3	0
q4	0
mass	1
cog	
X	1
Y	0
Z	1
其余参数均为默认设置	

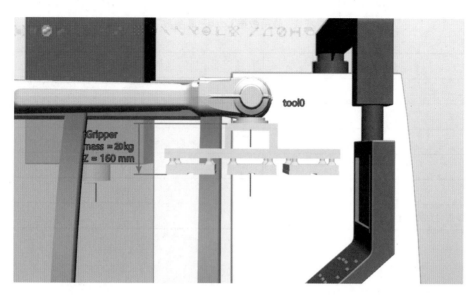

图 5.2.4　工具设置

7. 创建工件坐标系数据

在本工作站中，工件坐标系均采用用户三点法创建。工件坐标系 WobjBuffer 设置，如图 5.2.5 所示。

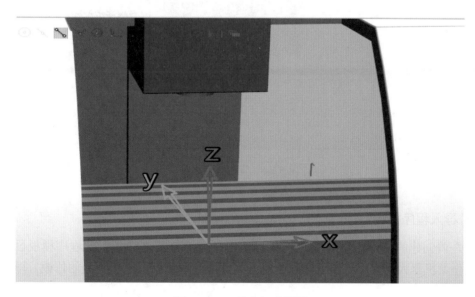

图 5.2.5　工件坐标系设置

8. 创建载荷数据

在虚拟示教器中，根据表 6 的参数设定载荷数据 LoadFull.。示例如图 5.2.6 所示。

表 6　载荷数据 LoadFull 参数

参数名称	参数值
Mass	5
cog	
X	0
Y	0
Z	100
其余参数均为默认值	

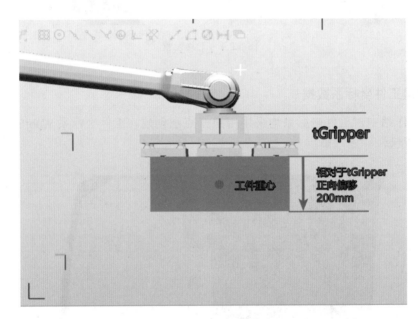

图 5.2.6　设定载荷数据

9. 导入程序模板

在之前创建的备份文件中包含了本工作站的 RAPID 程序模板。此程序模板已能够实现本工作站机器人的完整逻辑及动作控制，只需对几个位置点进行适当的修改，即可正常运行。

注意：若导入程序模板时，提示工具数据、工件坐标数据和有效载荷数据命名不正确，则在手动操纵画面将之前设定的数据删除，再进行导入程序模板的操作。

可以通过虚拟示教器导入程序模块，也可以在 RobotStudio "控制器" 菜单中通过鼠标右键菜单 "加载模块" 来导入，这里以软件操作为例来介绍加载程序模块的步骤。如图5.2.7 ～图 5.2.10 所示。

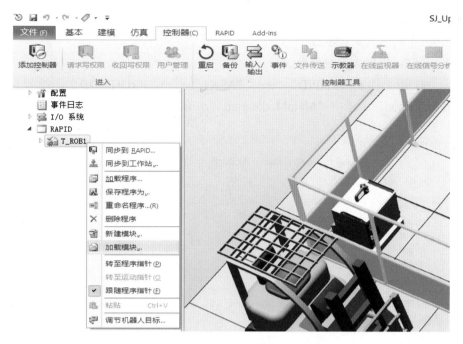

图 5.2.7　加载模块

浏览至之前所创建备份的文件夹：

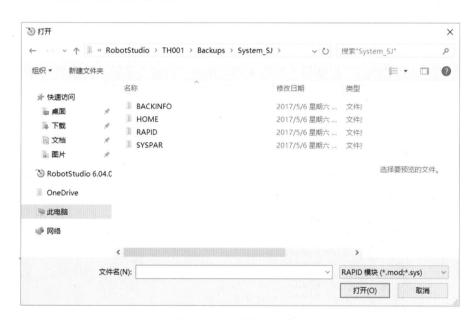

图 5.2.8　浏览备份文件夹

说明：备份文件夹中共有四个文件夹和一个文件。

BACKINFO：备份信息。

HOME：机器人硬盘上的 HOME 文件夹。

RAPID：机器人 RAPID 程序。

SYSPAR：机器人配置参数。

System.xml：机器人系统信息。

然后，打开文件夹"RAPID"——"TASK1"——"PROGMOD"，找到程序模块"MainMoudle.mod"，选中"MainModle.mod"，单机"打开"按钮。

图 5.2.9　到程序模块"MainMoudle.mod"

跳出"同步到工作站"对话框，勾选全部，单击"确定"按钮，完成加载程序模块的操作。

图 5.2.10　同步到工作站对话框

在 RobotStudio 中，为保证虚拟控制器中的数据与工作站数据一致，需要将虚拟控制器与工作站数据进行同步。当虚拟示教器进行数据修改后，则需要执行"同步到工作站"，反之，则需要执行"同步到 RAPID"。

10. 程序注解

本工作站以机床上下料为例，利用 IRB4600 机器人完成机床上下料任务，在熟悉了此 RAPID 程序后，可以根据实际的需要在此程序的基础上做适用性的修改，以满足实际逻辑与动作的控制。

以下是实现机器人逻辑和动作控制的 RAPID 程序：

```
MODULE MainModule
    !定义工具坐标系数据 tGripper
    PERS tooldata tGripper:=[TRUE,[[0,0,160],[1,0,0,0]],[20,[1,0,1],[1,0,0,0],0,0,0]];
    !定义机床工件坐标系 WobjBuffer
    TASK PERS wobjdata WobjBuffer:=[FALSE,TRUE,"",[[484.165,1505.748,687.394],[1,0,0,0]],[[0,0,0],[1,0,0,0]]];
    !定义有效何在数据 LoadFull
    TASK PERS loaddata LoadFull:=[5,[0,0,100],[1,0,0,0],0,0,0];
    !定义 Home 点 pHome
    CONST robtarget pHome:=[[1405.50,0.00,1359.47],[1.61149E-07,-2.98023E-08,1,-4.80262E-15],[0,0,-1,0],[9E+09,9E+09,9E+09,9E+09,9E+09,9E+09]];
    !定义输入线工件拾取点 pPick_In
    CONST robtarget pPick_In:=[[1131.69,-0.205,763.533852758],[0.000000157,0,1,0],[0,0,0,0],[9E+09,9E+09,9E+09,9E+09,9E+09,9E+09]];
    !定义机床放置基准点 pPlaceBase
    CONST robtarget pPlaceBase:=[[150.00,250.00,193.38],[3.5871E-07,0.707107,-0.707107,1.68342E-07],[0,-1,-1,0],[9E+09,9E+09,9E+09,9E+09,9E+09,9E+09]];
    !定义输出线放置点 pPick_Out
    CONST robtarget pPick_Out:=[[1131.69,-641.025,763.533852758],[0.000000157,0,1,0],[0,0,0,0],[9E+09,9E+09,9E+09,9E+09,9E+09,9E+09]];
    !定义工件移动路径过渡点 pTranstion
    CONST robtarget pTransition:=[[779.610537676,743.225873632,1464.324218578],[-0.000000335,-0.70710667,0.707106892,0.000000008],[0,-1,-1,0],[9E+09,9E+09,9E+09,9E+09,9E+09,9E+09]];

    !主程序
    PROC main()
        !初始信号复位程序
```

```
        Ini_Go;
        !机床上料程序
        Work_Start;
        !机床下料程序
        Work_end;
    ENDPROC


    !工具拾取信号设置程序
    PROC tGripper_up()
        WaitTime 0.5;
        PulseDO\PLength:=0.2,do01_up;
        WaitTime 0.5;
    ENDPROC


    !工具释放信号设置程序
    PROC tGripper_down()
        WaitTime 0.5;
        PulseDO\PLength:=0.2,do02_down;
        WaitTime 0.5;
    ENDPROC


    !机床上料程序
    PROC Work_Start()
        !调用 home 程序判断机器人是否在 home 点
        home;
        !激活输入线信号
        IN_Goods;
        !等待输入线产品到位信号
        WaitDI di01_BoxInPos_In,1;
        !产品到位后,复位输入线信号
        Goods_Stop_In;
        !使用 MoveJ 指令到达 pPick 点
        MoveJ pPick_In,v1000,fine,tGripper\WObj:=wobj0;
        !激活工具拾取信号
        tGripper_up;
        MoveJ pHome,v1000,fine,tGripper\WObj:=wobj0;
        MoveJ pTransition,v1000,fine,tGripper\WObj:=wobj0;
        !激活机床打开仓门信号
```

```
    SJ_Open;
    MoveJ pPlaceBase,v1000,fine,tGripper\WObj:=WobjBuffer;
    ! 激活工具释放信号
    tGripper_down;
    MoveJ\Conc,pTransition,v1000,fine,tGripper\WObj:=wobj0;
    ! 激活机床关闭仓门信号
    SJ_Close;
    ! 激活机床开始加工信号
    processing;
    MoveJ pHome,v1000,fine,tGripper\WObj:=wobj0;
ENDPROC

! 机床下料程序
PROC Work_end()
    home;
    ! 等待机床加工完成信号
    WaitDI di03_Machine_OK,1;
    ! 复位机床加工信号
    processed;
    MoveJ pTransition,v1000,fine,tGripper\WObj:=wobj0;
    SJ_Open;
    MoveJ pPlaceBase,v1000,fine,tGripper\WObj:=WobjBuffer;
    tGripper_up;
    MoveJ\Conc,pTransition,v1000,fine,tGripper\WObj:=wobj0;
    SJ_Close;
    MoveJ pHome,v1000,fine,tGripper\WObj:=wobj0;
    MoveJ pPick_Out,v1000,fine,tGripper\WObj:=wobj0;
    tGripper_down;
    ! 激活输出线信号
    OUT_Goods;
    MoveJ pHome,v1000,fine,tGripper\WObj:=wobj0;
    ! 等待输出线到位信号
    WaitDI di02_BoxInPos_Out,1;
    ! 复位输出线信号
    Goods_Stop_Out;
ENDPROC
```

```
! 判断机器人是否在 home 点程序
PROC home()
    IF CRobT(\Tool:=tGripper\WObj:=wobj0)<>pHome THEN
        MoveJ\Conc,pHome,v1000,fine,tGripper\WObj:=wobj0;
    ENDIF
ENDPROC

! 激活机床开始加工程序
PROC processing()
    Set do05_Machine_Active;
ENDPROC

! 复位机床加工程序
PROC processed()
    Reset do05_Machine_Active;
ENDPROC

! 激活输入线信号程序
PROC IN_Goods()
    Set do03_In_Active;
ENDPROC

! 激活输出线信号程序
PROC OUT_Goods()
    Set do04_Out_Active;
ENDPROC

! 激活机床开启仓门信号
PROC SJ_Open()
    WaitTime 0.5;
    PulseDO\PLength:=1,do06_Mdoor_Open;
    WaitTime 0.5;
ENDPROC

! 激活机床关闭仓门信号程序
PROC SJ_Close()
    WaitTime 0.5;
    PulseDO\PLength:=1,do07_Mdoor_Close;
```

```
        WaitTime 0.5;
    ENDPROC

    ! 复位输入线信号程序
    PROC Goods_Stop_In()
        Reset do03_In_Active;
    ENDPROC

    ! 复位输出线信号程序
    PROC Goods_Stop_Out()
        Reset do04_Out_Active;
    ENDPROC

    ! 初始信号复位程序
    PROC Ini_Go()
        WaitTime 0.2;
        PulseDO\PLength:=0.2,do47_reset;
        WaitTime 0.2;
        Reset do01_up;
        WaitTime 0.2;
        Reset do02_down;
        WaitTime 0.2;
        Reset do03_In_Active;
        WaitTime 0.2;
        Reset do04_Out_Active;
        WaitTime 0.2;
        Reset do05_Machine_Active;
        WaitTime 0.2;
        Reset do06_Mdoor_Open;
        WaitTime 0.2;
        Reset do07_Mdoor_Close;
        WaitTime 0.2;
    ENDPROC

ENDMODULE
```

11. 示教目标点

在本工作站中，需要示教五个目标点，如图 5.2.11 ～ 5.2.15 所示。
Home 点 pHome 点。

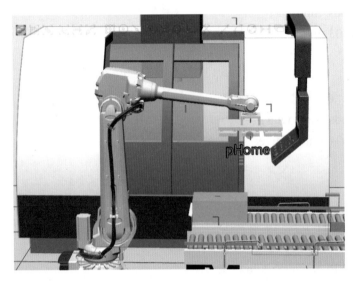

图 5.2.11　设置 pHome 点

输入线工件拾取点 pPick_In。

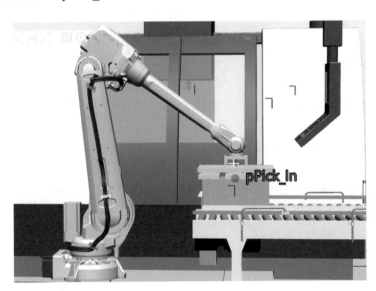

图 5.2.12　设置工件拾取点

工件移动路径过渡点 pTranstion。

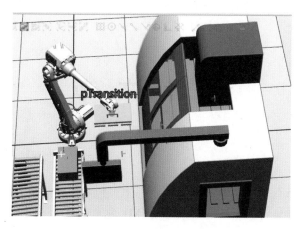

图 5.2.13　设置路径过渡点

机床放置基准点 pPlaceBase。

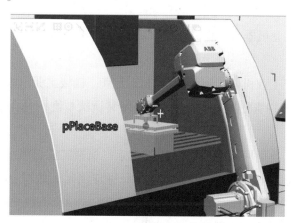

图 5.2.14　机床放置基点设置

输出线放置点 pPick_Out。

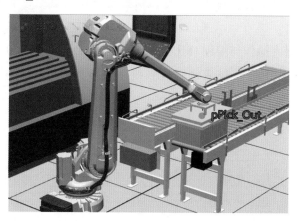

图 5.2.15　输出线放置点设置

示教目标点完成之后，即可进行仿真操作，查看工作站的整个工作流程。

参 考 文 献

韩建海 . 工业机器人（第三版）[M]. 武汉：华中科技大学出版社，2015.

黄风 . 工业机器人与自控系统的集成应用 [M]. 北京：化学工业出版社，2017

龚仲华 . 工业机器人编程与操作 [M]. 北京：机械工业出版社，2016

韩鸿鸾 . 工业机器人工作站系统集成与应用 [M]. 编著出版社：北京：化学工业出版社，2017.

汪励，陈小艳 . 工业机器人工作站系统集成 [M]. 主编出版社：北京：机械工业出版社，2014.

蒋庆斌，陈小艳 . 工业机器人现场编程 [M]. 北京：机械工业出版社，2014.

韩鸿鸾，丛培兰，谷青松 . 工业机器人系统安装调试与维护 [M]. 北京：化学工业出版社，2017.

叶晖 . 工业机器人典型应用案例精析 [M]. 北京：机械工业出版社，2013.

胡伟，陈彬，吕世霞，刘本林 . 工业机器人行业应用实训教程 [M]. 北京：机械工业出版社，2016.

叶晖 . 工业机器人实操与应用技巧 [M]. 北京：机械工业出版社，2017.

叶晖 . 工业机器人工程应用虚拟仿真教程 [M]. 北京：机械工业出版社，2014.

魏志丽，林燕文 . 李福运工业机器人虚拟仿真教程 [M]. 北京：北京航空航天大学出版社，2016.

杨杰忠 . 工业机器人操作与编程 [M]. 北京：机械工业出版社，2017.

徐璟，朱丽，徐龙 .ERP—供应链管理系统项目教程 [M]. 北京：人民邮电出版社，2014.